U1068620

我们爱读书
WOMEN AI DUSHU

青少年教育经典读本

优秀孩子都爱看的励志枕边书

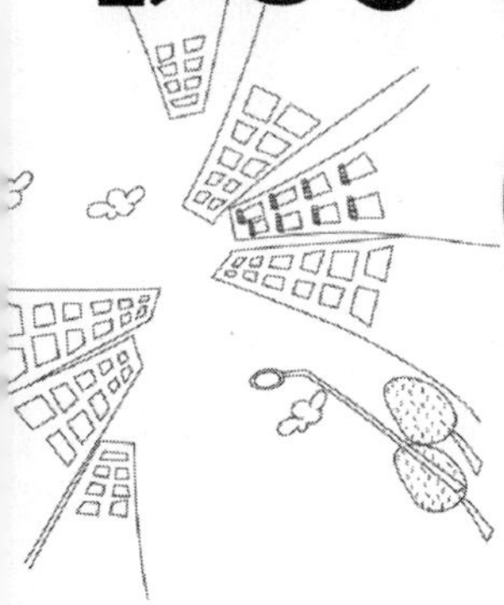

经典修订版

赵雪峰 ◎ 编著

中国纺织出版社

内 容 提 要

发生在古往今来名人身上的成长故事，给了我们许多的启迪。名人都有一个成功的人生，但他们走的是不同的成功之路，积累的是不同的成功秘诀。名人在成名之前的不懈努力、自立自强、对自己充满希望、百折不回的拼搏精神，对青少年的教育和成长都有非常好的鼓励、鞭策和借鉴作用。

本书精选了100个古今中外名人青少年时期的奋斗及成长故事，文中不仅对这些故事进行了解读，帮助青少年读者分析名人之所以成功的原因，让读者深切地感受到名人们跋涉的艰辛和他们成功的经验，还告诉读者如何向名人学习，树立自己的目标，并向着目标不断迈进。

图书在版编目（CIP）数据

优秀孩子都爱看的励志枕边书：经典修订版 / 赵雪峰编著. —北京：中国纺织出版社，2015.5（2024.1重印）

ISBN 978-7-5180-1418-7

Ⅰ. ①优… Ⅱ. ①赵… Ⅲ. ①成功心理—青少年读物 Ⅳ. ① B848.4-49

中国版本图书馆 CIP 数据核字（2015）第 041346 号

责任编辑：江 飞　　插图：邹晓行　　责任印制：储志伟

中国纺织出版社出版发行

地址：北京市朝阳区百子湾东里 A407 号楼　邮政编码：100124

销售电话：010 — 67004422　传真：010 — 87155801

http: //www.c-textilep.com

E-mail: faxing@c-textilep.com

中国纺织出版社天猫旗舰店

官方微博 http://weibo.com/2119887771

永清县晔盛亚胶印有限公司印刷　各地新华书店经销

2015年5月第1版　2024年1月第3次印刷

开本：710×1000　1 / 16　印张：16

字数：166千字　定价：48.00元

前言

qian yan

“江山代有才俊出”，千百年来，古今中外涌现出无数的风云人物，这些永载史册的人物为立志成才的青少年朋友指明了方向，并引领着他们走向精彩纷呈和丰富充实的世界。

每一个名人都曾从孩提时代走过，每一个孩子长大后也都有可能成为名人，成为一个影响民族、影响世界的伟人。其实，名人小时候和我们普通的孩子没什么区别，只是名人在小时候比我们普通人经历了更多的磨难和困苦，付出了更多的努力和拼搏。

在我们的成长过程中，名人的故事会对我们产生极大的影响。很多人正是受到名人成长故事的激励和影响，奋发向上，成为对社会有巨大贡献的人。了解名人，学习名人，不仅可以增长知识，了解中外的文化差异，更能从名人身上汲取宝贵的精神食粮和人生智慧，从名人的人生道路中获得珍贵的人生启示。

“生当作人杰”，无数的青少年都有着自己远大的抱负，都想在自己的人生中做出一番精彩的事业。发生在古往今来名人身上的成长故事，会给我们更多的成功启迪。名人们在成为名人之前的不懈努力、自强不息、对自己充满希望、百折不回的拼搏精神，对青少年的教育和成长都有非常好的鼓励、鞭策和借鉴作用。阅读这些名人的故事，会让我们站得更高，看得更远。心有多远，路有多长。一个人成就的大小在于他人生目标的远近。目标在近处，成就就不可能大；目标在远处，成功的路就会越走越长。名人成功的这面镜子可以照出我们的不足；名人成功的事迹可以磨炼我们的毅力，激励我们的斗志。

本书精选了古今中外100个名人青少年时期的奋斗及成长故事。书中的每个名人小故事，都彰显着名人们的精神风范。每一位伟大的名人，都是在某个特定领域做出过杰出贡献和成就的。阅读名人的故事，走进名人们的内心世界；品读名人的人生，从而更好地洞察自己的人生，磨炼心智，并激励我们不断前进。

翻开本书，故事生动，图文并茂，相得益彰，名人们的言与行如在眼前。本书不但适合青少年自己阅读，同时父母还可以和孩子一起阅读。在阅读的过程中，父母们不仅可以给孩子讲述故事中的道理，还可以通过书中的故事了解教育孩子的最佳方法；好书亲子共享，亲子关系才会更加融洽，亲子教育才会更加成功。

赵雪峰

2015年2月

目录

mulu

第一章　自强自信，永远坐前排

第二章　放飞梦想，赢在起点

第三章　点亮心灯，解开心结

第四章 看准方向，只管向前

第五章 顺应天性好成才

第六章 坚持不懈，努力向前

第七章 脚下有路，好运靠自己

第九章　对自己负责，选好心田的种子

第十章　消除自卑，给自己鼓劲

第十三章　品德决定人生

第十四章 开卷有益多读书

第十五章 盯住目标，实现梦想

第一章

自强自信，永远坐前排

我们应该有恒心，尤其要有自信力！我们必须相信我们的天赋是用来做某种事情的，无论代价多大，这种事情必须做到。

——居里夫人

1 自强自立才能长志气

——中国近代著名工程学家詹天佑的故事

成长故事

清朝末期，清政府腐败无能，外国人倚仗着洋枪洋炮在中国土地上肆意横行，年幼的詹天佑把这些看在眼里，记在心上，并在他的内心打下了深刻的烙印。他不相信我们就这样总受人欺负，他立志要为祖国的富强做些事情。

你们中国人是学不会这些的

儿时的詹天佑对机械制造十分感兴趣，在和邻居的孩子们一起玩时，他就领着伙伴们用泥土仿做各种机器模型。他们经常是一身泥一身水的，回到家里受到家人的责骂，詹天佑却丝毫不在乎。小詹天佑还很喜欢摆弄家里的小物件，他经常偷偷地把小物件给拆了玩。有一次，他把家里的自鸣钟拆了，并好奇地摆弄着里面的零件，可是等到他想装上的时候，却怎么都装不回去了。他怕父亲回来责备他，就赶紧抱着自鸣钟和零件，跑到街上一家洋人开的钟表铺里，请开店的洋人把钟表装上。那洋人接过钟表，用很轻蔑的语气问詹天佑："怎么，装不上了？”小詹天佑看着洋人充满鄙夷的神情，心里很不是滋味。

那个洋人低头摆弄了一会儿，很快就把零件都还原了。小詹天佑问洋人是怎么装上的，能不能教他，他很想学习。可那洋人却用骄傲自大的眼神和鄙夷的口吻对小詹天佑说：“你们中国人是学不会这些的。”

凭借自己的勤奋好学，12 岁的詹天佑考取了清政府组织的“幼童留美预习班”。从此，詹天佑勇敢地告别了家人，踏上了求学之路。在美国学习期间，詹天佑看到了西方科学技术的巨大成就，对西方的机器、火车、轮船及电讯制造业的迅猛发展惊叹不已。一同前去的同学看到西方的工业和科技如此发达，又联想到自己的祖国是那么的落后，不禁对祖国的前途悲观起来。然而詹天佑却不以为然，他信心百倍且坚定地对一起来的同学说：“我们要勤奋学习，外国人能行，我们也一定能行，我们的祖国也一定会有自己的火车、轮船！”就这样怀着强国富民的坚定信念，詹天佑不断努力，最后考入耶鲁大学土木工程系，大学毕业时在同届毕业的几百人中他取得了第一名的好成绩。

回国后，詹天佑全身心致力于国家的工程制造，他主持建设了包括京张铁路在内的许多著名工程，成为中国近代工程学的创始人之一。

成长启迪

成龙在《男儿当自强》这首歌中唱道：“傲气面对万重浪，热血像那红日光。胆似铁打，骨如精钢，胸襟百千丈，眼光万里长。我发愤图强做好汉，做个好汉子每天要自强，热血男儿汉比太阳更光。”

是的，“男儿当自强”。因为自强，詹天佑努力学习、不断拼搏，主持修建了外国人曾断言中国人修不了的铁路，为中国人大长了志气。

每个人都有自己的潜能，认清目标，坚定理想，相信自己也会有闪光的一刻。自信的人总是积极向上，不断地充实自己，完善自己，奋发进取，并最终获得胜利。

一个人要学会自己激励自己，这是一种人生前进的动力；要学会自己热爱自己，这是一种生命的感激。自暴自弃，自己便是自己的奴隶；自强自立，自己就是自己的主人。

自强是一种“威武不能屈，贫贱不能移，富贵不能淫”的浩然气度，是一种困难压不倒、厄运头不低、危险无所惧的靓丽操守，是一种不怕己弱小、勤勉解困机、敢于硬碰硬的拼搏精神。自强，是一叶高扬的风帆，是一道亮丽的景观；自强，将永远伴随我们走向希望，走向成功，走向圆满。

2 穷人的孩子早当家

——美国第三十四任总统艾森豪威尔的故事

成长故事

艾森豪威尔曾经历任美军五星上将、哥伦比亚大学校长、美国总统。就是这样一位杰出的人物，他的童年生活却是历尽艰辛的。艾森豪威尔童年时期，因为父亲做生意失败了，使得家庭的经济情况很糟糕，爸爸妈妈只有带领孩子们一起努力工作，才能勉强维持生活。但也正是由于这种艰苦条件的磨炼，才培养和练就了艾森豪威尔百折不挠、奋勇向前的可贵品质。

因为父母都在忙于打点家中的生活，艾森豪威尔及其兄弟几个从小就被父母要求做家务。除了抓紧时间学习外，艾森豪威尔和兄弟几个还要打扫卫生、干农活。艾森豪威尔的父母还为孩子制订了非常严格的家规，比如，孩子们早晨 6 点必须准时起床，晚上 9 点没活干了就必须上床睡觉，学习空闲的时候要参加各种劳动……父母以此来约束孩子们，培养他们良好的生活和劳动习惯。

艾森豪威尔家旁边有一块空地，春天的时候，他们会跟父母一起在那块地里种菜。等到夏天和秋天的时候，艾森豪威尔和兄弟几个就把菜运到城里去卖，然后再用卖菜的钱贴补家用。

穷人的孩子早当家

有一年，恰逢农忙播种时节，艾森豪威尔的弟弟得了重病。父亲和两个哥哥要下地干农活，母亲要照顾病重的弟弟，家里的事务变得更加忙乱起来。母亲只好把艾森豪威尔叫到跟前，郑重其事地把为全家人做饭这件“大事”交给了他。尽管小艾森豪威尔此前曾经帮助母亲打过下手，但是自己却从来没有独立操作过。他没有也不可能拒绝母亲安排的工作，但是他也没表现出为难。他想：很多本领不就是这样自己学到的吗？于是，他下定决心一定要把饭做好。第一次，他把饭菜做好了，可家人吃得直皱眉头，弟弟妹妹们更是嚷叫着难以下咽。渐渐地，做了几次以后，他便越做越有经验，越做越熟练了。他不仅有了自己的拿手菜，还学会了做各种菜汤，家里人都非常喜欢喝。

就这样一直到中学毕业，艾森豪威尔都一直在帮父母干活。

少年时期的这些经历深深地印在了艾森豪威尔的脑海中，即使成为将军后，他仍对此记忆犹新，还经常津津乐道地向别人讲起。他常和别人说：“父母在艰苦岁月中教会他的，又岂止是做饭！”

成长启迪

艾森豪威尔的“硬汉”形象使人很难把他和做饭这样“婆婆妈妈”的琐事联

系起来。正如人们常说的那样："穷人的孩子早当家"。父母在他年幼时培养他吃苦耐劳的精神，使他终生受益。

娇生惯养的生活难以培养出杰出的人才，早一天让孩子学会吃苦、学会独立，就早一天挖掘出他们身上成功的潜质。对于目前中国大多数家庭的独生子女来说，这一点尤其重要。多给孩子一些锻炼的机会，让孩子做一些力所能及的事情，可以培养孩子自我抉择、解决问题的能力。今天的一些家长，总是担心孩子做不好，无论什么事都宁肯自己做，也不让孩子动手，实际上这是剥夺了孩子学会独立自主的机会。平时，孩子饭来张口，衣来伸手，上学接送，晚上陪读，甚至考上大学父母还要跟着做"保姆"。孩子大学毕业后找工作，又得父母跑单位，当"职介"……这样，孩子是很难大有作为的。一些孩子独立生活能力差，依赖性强，缺乏进取心和毅力，遇事容易打退堂鼓，什么事情都想让父母做，父母不帮忙，自己就会茫然不知所措。这大多是长辈娇惯、包办代替的结果。

因此，在孩子的成长过程中，大人应给孩子创造机会，培养孩子自己做选择和处理问题的能力。让他们在尝试的过程中碰钉子，感受失败，这样孩子就会从失败中汲取教训和经验，从而真正地成长起来。

3 比贼还笨的人

——清末政治家曾国藩的故事

成长故事

曾国藩小的时候天赋并不高，其实可以说比较笨，他学习起来非常吃力。一天晚上，他在家里读书，有一篇文章他重复读了很多遍，可就是背不下来。他就一遍一遍地读，一遍一遍地背。夜已经很深了，他仍然没有背下来。这可急坏了一个人。原来，他家来了一个贼人，就潜伏在他书房的屋檐下，想等他读完书睡觉之后再进屋偷点什么。可是贼人在屋外等啊等，就是不见曾国藩睡觉。贼人实在等不下去了，就十分生气地跳进屋子，对曾国藩说："就你这么笨还读什么书？我听几遍就会背了！"于是贼人将那篇文章从头到尾地背诵了一遍，然后扬长而去。

就你这么笨还读什么书啊

结果曾国藩一个人愣愣地坐在那里，眼看着贼人出门消失在屋外。他心想，自己的确是很笨。

那贼人确实很聪明，至少比曾国藩要聪明，但是他只能成为贼，而曾国藩因为用心苦读，后来却成了清朝末年最重要的大臣，成为中国近代历史上最有影响力的人物之一。

成长启迪

"勤能补拙是良训，一分辛苦一分才。"曾国藩遇到的那个贼的记忆力很好，听过几遍的文章都能背下来，而且还很勇敢，居然敢跳出来教训曾国藩，之后还背书，扬长而去。遗憾的是，尽管他很聪明，有天赋，但他却走上了邪路，成为一个贼。曾国藩没有他那样的天赋，却比他勤奋，最终成为清朝末年颇具影响力的人物。

上帝给予了人天赋，勤奋将天赋变为天才。伟大的成功和辛勤的劳动是成正比的，有一分劳动，就有一分收获，日积月累，从少到多，奇迹就会出现。爱因斯坦、牛顿少年时也都并不聪明，但同样是勤奋使他们获得了巨大的成功。

“一勤天下无难事。”从古到今，三国时吴国的吕蒙，近代的数学家华罗庚等，都是经通过自己的勤奋而取得成功的。爱迪生说过：“巨大的成就，来自于长期的勤奋。”因此，要成功，就要勤奋。成功是勤奋的结果，而勤奋则是成功的必备条件。

4 没有比脚更长的路

——日本化学家福井谦一的故事

成长故事

日本有个叫福井谦一的孩子，是家里的独子，因为家境殷实富有，父母都受过良好的教育，所以对他寄予了厚望，希望他能有一番作为。可是，福井谦一上学后学习成绩很一般，特别是化学成绩不尽如人意。一次，福井谦一的化学测验又不及格，为此他实在不知道该怎样去面对父亲，他连家都不想回，在马路上转了好几圈，左思右想，他还是觉得自己不是读书的料。于是，他决定干脆向父亲摊牌，提出自己不想读书的想法。

父亲听了他的话，先是一愣，而后深思了良久，然后告诉儿子：“无论你将来做什么，都必须要读书。不读书，没有文化，那就什么事也干不成。”见福井谦一不说话，父亲继续耐心地开导他说，“一个人无论做什么事，都会遇到挫折。如果遇到一点困难就退缩，那就永远也不能进步。要想成功，你就必须勇敢地去面对困难、克服困难，只有这样你才能真正地超越困难，成就自我。”最后，父亲叮嘱福井谦一：“孩子，你要记住——没有比人更高的山，没有比脚更长的路，只要向前走，我们就能成功。”

爸爸，我不想再读书了

父亲的一番话深深地打动了福井谦一，他忽然意识到自己确实不该就此放弃。福井谦一收回了不去读书的想法，从此，更加努力地学习。

觉醒了的福井谦一开始重新规划自己的学习，他制订了学习计划，安排好了自己的时间，决心从头开始补起。他把自己最弱的化学科目的课本都找了出来，从头学起，经过了半个学期的努力，初见成效，他的成绩有所上升。慢慢地，曾经常不及格的化学，竟然成为他的优势学科，他不仅当上了化学课代表，还获得了参加化学竞赛的机会。通过不懈的努力，福井谦一终于成为一名著名的化学家，并于 1981 年获得诺贝尔化学奖。

成长启迪

没有比脚更长的路，没有比人更高的山。山虽高，路虽远，但只要我们坚持下去，就可以达到。福井谦一也像大多数孩子一样，多次考试不及格，有过挫折，有过失败，也有过退缩，但他在父亲的鼓励下坚持下来了，并成为世界著名的化学家。

失败并不可怕，可怕的是认输，困难挡不住勇者的脚步，敢于面对失败的人，才是生活的强者。太阳每天从一地方升起，但人生不能总在一个地方徘徊。拥有逆境，便拥有一次创造奇迹的机会，百分之百的信心，加上百分之百的努力，就等于百分之百的成功。命运就像自己的掌纹，虽然弯弯曲曲，却永远掌握在自己手中。相信自己，挑战自我，是成功的金钥匙。

没有什么比坚持更重要。牛津大学曾举办了一个“成功秘诀”讲座，丘吉尔应邀发言。他说：“我的成功秘诀有三：第一，绝不放弃；第二，绝不、绝不放弃；第三，绝不、绝不、绝不放弃！”许多人的成功都是这样，挫折和磨难总是与人相伴的，它们最终都会被自信和执着所战胜。

人生路漫漫，多有崎岖坎坷。山高路远，但山的高低，路的长短，完全取决于人的双脚。只要执着地、永不放弃地走下去，我们就会踏平坎坷，在成功的路上走得很远，很远。

5 永远走在别人前头

——英国前首相撒切尔夫人的故事

成长故事

20世纪30年代，一个名叫玛格丽特的小姑娘在英国的一个名不见经传的小镇上出生了。小姑娘的到来，给爸爸妈妈带来了许多的欢乐。

父母的家教很严格，对小姑娘也不例外。随着小姑娘的逐渐长大，父母对其要求也越来越严格。父亲经常向她灌输这样的思想：“无论做什么事情都要力争一流，永远走在别人前头，不要落后于人。比如，在学校上课时，你要争取坐在前排；听别人演讲时，你也要争取坐在前排；即使坐公共汽车，你也要永远争取坐在前排。”父亲告诉她：“因为坐前排，你会更认真；坐前排，你会更能引起别人的注意；更为主要的是，你要树立争第一的思想。”父亲从来不允许她说“我不能”或者“太难了”之类的话，而是告诉她，只要努力去争取，就没有什么难事，她就一定能行。

这种要求对于年幼的小姑娘来说，可能是太高了，但正是由于玛格丽特从小接受到父亲的“严格教育”，才培养了她凡事不甘人后、积极向上的决心和信心。玛格丽特逐渐长大了，在她成长的过程中，不论是对待学习、生活还是工作，她都时时牢记父亲的教导，总是抱着一往无前的精神和必胜的信念，尽自己最大的努力去克服一切困难，来做好每一件事情，并且事事争一流，以自己的行动不断实践着父亲的“永远坐在前排”的理念。

无论做什么事情都要力争一流

玛格丽特上大学时，学校要求学生必须学会拉丁文。因为拉丁文很难学，所以学校放松时间，要求学生可以用5年的时间来学完，而玛格丽特却硬是凭着自己顽强的毅力和拼搏的精神，在一年内学完了全部的拉丁文课程，并且她的考试成绩名列前茅，这是她所在的学校自要求学习拉丁文以来所没有的。这也使得同学们开始对她刮目相看，甚至羡慕不已。玛格丽特不仅在学业上出类拔萃，在其他方面如体育、音乐、演讲等也表现得很突出。学校的校长高度评价她是“建校以来最优秀的学生”。

四十多年后，当年那个要强的小姑娘玛格丽特终于成长为英国乃至整个欧洲政坛上的一颗耀眼的明星，她连续四届当选为英国保守党领袖，并于1979年成为英国第一位女首相——她就是玛格丽特·撒切尔夫人。玛格丽特·撒切尔夫人以其卓越的才能和永争第一的气势雄踞英国政坛长达11年之久，被世界政坛誉为“铁娘子”。

成长启迪

“永远要坐在前排”是一种积极向上的人生态度，是一种一往无前的勇气和争创一流的精神。在这个世界上，想坐在前排的人不少，真正能够坐在前排的却总是不多。许多人之所以不能坐到前排，是因为他们把“坐在前排”仅仅当成人生的理想，而没有采取具体行动。无论做什么事情，一个人的态度决定一个人的高度。玛格丽特·撒切尔夫人的故事让我们明白这样一个道理：要想坐前排，就要有为坐前排而努力和奋斗的行动。

“我不能，我不行。”许多人在人生的路上遇到一些挫折或困难时常常用这句话来为自己找借口。“我不能，我不行”是对自己的极大不信任，是一种怯懦的表现，是为自己筑造的一堵高墙。

是的，人生的旅途上处处布满了荆棘，谁都不会一帆风顺，困难和挫折常会伴在我们的左右。知识要靠积累，勇气要靠磨炼，别再红着脸，腼腆地说“我不行”。只要相信自己，鼓起勇气，大步向前走，就能超越坎坷，走过曲折。

6 自信是成功的第一秘诀

——中国著名妇产专家林巧稚的故事

成长故事

被尊称为“万婴之母”的著名妇产科专家林巧稚是我国第一位女学部委员、中国妇产科学的主要开拓者之一，她不但善良，而且医术精湛。

你能考100分，我就能考110分

20世纪20年代初，林巧稚在中学读书，当时男尊女卑的思想在中国还相当盛行，女孩上学的很少，学校里的一些男生也看不起女同学。一次，一个男生狂妄地对几个女同学放言：“我的数学要考100分，你们几个女同学的分数加起来也不会有我那么多的！”听了这话，要强的林巧稚和这个男同学较起劲来，她自信地说：“你要是能考100分，我就考110分！”林巧稚平时学习就十分用功，这回就更用功了。果然，在下一次考试中，林巧稚取得了好成绩，这不仅为所有的女同学争了光，更为自己争了一口气。

之后，林巧稚又经过8年的寒窗苦读，以优异的成绩完成了协和医学院的学业。因为成绩优秀，她又被派往英国留学进修妇产科，可是由于当时一些思想封建的人对女性持有偏见，协和医院的负责人认为女人开刀动手术是不可想象的，是不行的，于是拍电报给远在英国的林巧稚，要她改学公共卫生。

收到这份充满性别歧视的电报后，林巧稚非常气愤，她没有换专业，而是坚信自己的选择，坚信自己一定能行。通过不懈的努力，她终于以出色的表现让众人见识到自己的能力，并对她刮目相看。

也正是这种自信心，成就了林巧稚辉煌的一生。自信、自强是林巧稚一生成功的秘诀，精湛的医术和高尚的医德使其成为医学界的楷模，更受到了百姓们的尊重、崇敬和爱戴。

成长启迪

只有相信自己的力量，才会朝着自己制订的目标勇往直前，才会大胆尝试，接受挑战，既不为闲言碎语所左右，也不为一时的失败和挫折所动摇。

在我们的生命长河中，总有一座明亮的永不熄灭的灯塔，在前方为你照亮，而这座灯塔就是我们自己那份永不退色的自信心。

一生中，我们会拥有许多，也会失去很多，但我们始终拥有自己。相信自己，人才会冷静地面对挫折；相信自己，人才有勇气克服卑怯；相信自己，人才能从失败走向胜利。

集盲、聋、哑于一身的海伦竟能掌握五种语言，读完大学课程，被认为是19世纪伟大的人物。这是因为她自信，她相信自己，她不畏困难，不畏险阻，勇往直前。

我们每个人都希望自己的人生是绚丽多彩的，但人生的过程并不像我们想象中的那样顺利，不论何时，我们都应该抬头看看自己那生命的灯塔，给自己以巨大的信心和勇气。

7 敢和洋人比高低

——中国现代画家、美术教育家徐悲鸿的故事

成长故事

20 世纪初，清政府的腐败无能和国内的落后现状使得许多西方人歧视中国人，一些在海外非常优秀的中国人也被压得抬不起头来。我国著名的画家、美术教育家徐悲鸿年轻时就在那样的时代背景下出国留学的。

我代表我的祖国

徐悲鸿在欧洲留学时，那里的许多洋人学生都看不起中国学生。徐悲鸿就曾受到一个洋人同学的挑衅。那个同学当着徐悲鸿和几个中国同学的面说：“你

们中国人愚昧无知，生来就是当亡国奴的料，别说在我们这里留学，即使送到天堂深造，也成不了才！”见这个同学如此傲慢无理，徐悲鸿义愤填膺地站起来回敬道：“那好，从今天开始，我代表我的祖国，你代表你的国家，我们比一比，等学习结业时，看看到底谁是人才，谁是蠢材！”为了给中国人争一口气，徐悲鸿从此更加刻苦地学习。一年之后，徐悲鸿的油画就受到了艺术家们的好评，而且在数次竞赛中，他都名列第一，他的个人画展轰动了学校所在的整个城市——欧洲文化艺术中心巴黎的美术界。这样令人惊叹的成就，是那个洋人同学当初所没有料到的，也是他远远不能及的。徐悲鸿用自己的行动和卓越的成绩维护了中国人的尊严，向世人证明了中国人的能力是绝不可小视的。

徐悲鸿在艺术的道路上不断地求索着、进取着，他终于成为世界著名的画家，成为中国现代美术的奠基者。

成长启迪

自尊、自信是人不断进取的阶梯，是一种促使人奋发进取的巨大力量，这种催人向上的力量，既是一种强大的驱动力，又是一种强大的自我约束力。可以说，人的一生中任何一次成功，都是伴随着自尊和自信取得的。有自尊且自信的人，才能够奋发向上，自强不息，在经历挫折与失败后获得成功。

第二章

放飞梦想，赢在起点

我宁可做人类中有梦想和有完成梦想愿望的、最渺小的人，也不愿做一个最伟大的、无梦想的、无愿望的人。

——纪伯伦

1 不懈追求作家梦

——英国著名作家查尔斯·狄更斯的故事

成长故事

19 世纪英国最伟大的批判现实主义小说家查尔斯·狄更斯出生于朴次茅斯的一个贫困家庭，少年时期，狄更斯的梦想就是当一名作家，然而因为家境贫困，狄更斯作为家中的长子，只好放下自己最喜欢的书本，帮助妈妈承担起照顾弟妹的担子。11 岁时，狄更斯费尽周折才找到一份给人贴鞋底标签的工作，以此来接济一家人的生活。艰苦的日子和痛苦的记忆，使狄更斯深切感受到了世态炎凉，他对穷人和被迫害者充满了同情，而对英国当时的统治阶级和残酷的社会现状深恶痛绝。这些在他的内心里留下了深深的记忆，为他后来的作品提供了很好的素材。

狄更斯为养家糊口四处奔波，他不仅做过律师的书记、事务所的送信工，还做过法院的速记员、报纸的采访员等。他辗转于这些不同的工作，工作辛苦劳累，但也能勉强糊口。在体味到了生活艰辛的同时，他也积累了宝贵的写作素材，他在生活的道路上，苦苦地追寻着。

稍大一些，狄更斯离开了家庭，出外做工。为了省钱，他和别人同住在一起。白天，为了多挣钱，狄更斯拼命地工作；晚上，他不停地写作。为了不让同住的人看到自己往外寄稿子，免得遭人嘲笑，他总是趁深夜时悄悄地溜出去，把写好的稿子寄给报社。因为他的文化水平太低，所以写的稿子总是一次又一次地被退了回来。如此多次反复，使得狄更斯很失望。有一次，狄更斯到外边工作到很晚才回来，当他一走进租住的房间，同住的伙伴就将一封信举得老高，兴奋地对他说："恭喜你，我们的作家先生……"狄更斯以为是退稿信，很不好意思地将信接过来："对不起，这是一封退稿信。""不，我们的作家先生。"同伴高声地告诉他这应该不是一封退稿信。狄更斯这才注意起这封信，信封很薄，上面还写着编辑的名字……

我一定要成为作家

原来，这是几年来狄更斯在写作生涯中第一次收到编辑写给他的回信。信的内容很简短："你的文章是我们多年以来梦寐以求的作品……年轻人，坚持下去，相信你一定会成功的。"

受到这个编辑的鼓舞，狄更斯从此更加努力地写作，多年后，他终于成为一位文学巨匠。

成长启迪

也许那位编辑从来都没有想过他的那封简短的信会起到这么大的作用，也许他只是想鼓励一下这个文学爱好者，然而正是这封信改变了查尔斯·狄更斯的一生。

外因是变化的条件，内因是变化的根据。编辑的信给了查尔斯·狄更斯以信心，但更关键的是查尔斯·狄更斯本人，不管条件多么恶劣，生活多么艰难，他从没有中断过自己的作家梦。

人生中最值得我们期待的事是什么？是梦想成真。我们每个人都有自己的梦想，都想把自己的梦想变成现实。可以说，梦想成真是所有人最美好和最真切的期待。人因有梦想而伟大，人因实现梦想而精彩，但关键是要为实现自己的梦想而努力。在这个世界上，只要我们付出足够的努力，不是尽力而是竭尽全力，就没有什么事是做不到的。如果我们竭尽全力了，我们就能梦想成真。

2 像水一样流出大山

——中国著名作家陈忠实的故事

成长故事

每个孩子都有自己的梦想，出生在陕西西安一个农民家庭的孩子也不例外，他从小就喜欢语文，立志考上大学中文系后成为一名职业作家，然而事不遂愿，命运和他开了一个不小的玩笑。

他和哥哥学习都很好，所以，平时也比着劲地学习。当他正信心满满地按照自己的既定目标而努力时，身为农民的父亲因为供养两个学生力不从心，没办法，不得已做出了一个影响他一生的决定：为了缓解家里经济上的压力，让他的哥哥先考学，他暂时休学一年，等哥哥考上学再说。可世事难料，哥哥如愿考上了师范学校，他休学的这一年，国家的高考形势却发生了巨大变化——待他高考时，大饥荒和经济严重困难迫使各高等学校大大减少了招生名额。前一年，学校有一半的学生考上了大学。而这一年，学校近 200 人参加考试，考上大学的却不超过 10 人，就连成绩位于班级前三名的他也名落孙山。

没有考上大学，他所有的理想和对未来的憧憬好像都在高考揭榜后的那一瞬间崩塌了。上不了大学，怎能实现自己的作家梦？他不知道自己以后的路应该怎么走，自己的人生会是什么样。很长一段时间他都失魂落魄、六神无主，他的整个世界变得越来越黯淡。高考失败对他的打击太大了，每天晚上睡觉，他都从床上惊叫着跌到地上。

面对困难时就要像水一样流淌

沉默寡言的父亲开始为他担心起来："考不上大学，可别再得个精神病什么的。"为了帮他减少压力，父亲领着他帮助自己干活，边干活边开导他。一天，父亲带他去伐树，当来到小河边时，父亲停下脚步问他："你知道这水是怎么流出大山的吗？"他根本无心思考这个问题，看看父亲，茫然地摇摇头。父亲缓缓地说："水遇到大山，碰撞后，不能把山冲垮，无法越过它，就学会转弯，绕道而行，借势找到了自己的出路。"听到父亲这样说，他看了看父亲，知道父亲没有把话说完。父亲看到他注意听了，才又接着说："看看这水，即便流动时遇见了深潭，也不忘流淌，不断积蓄活水，一起向前奔流，最后找到出口。记住，孩子，困难的旁边就是出路，是机遇，是希望！"

父亲的一席话顿时令他茅塞顿开，从此，他勇敢地走出了高考失利的阴霾。

之后，他曾先后到过一个乡村小学、公社的中学当过老师，又历任文化馆副馆长、馆长。就这样，为了实现自己的梦想，他如河水般不停地奔流着，终于一步一步地流出了大山，进入了陕西省作家协会。也正是这40年农村生活的积累，他才写出了大气磅礴、颇具史诗品位的巨著《白鹿原》。

他就是中国现代著名作家陈忠实。成名以后，当有人问起该怎样面对困难与挫折时，他总是淡淡地说：“像水一样流淌。”

成长启迪

像水一样流淌，这是岁月积淀的智慧。水有它的柔软，柔软莫过于春江水，到不了平地上也歌唱；水有它的坚韧，水滴石穿。遇见困难，努力了，无法克服它，无法超越，不如像流水一样，在大山旁边寻找较低处突围，依山而行，借势取径。只要我们不忘努力，不断突破，也一样能够走出困境，到达远方，实现梦想。陈忠实的成功，在于他遇到困难像水一样流淌，不断积累力量，最后终于突出重围。

人的一生就是在不断的挫折与磨炼中成长的，我们在成长过程中经常会遇到困难，那么首先要学会调整自己的心态，要有一颗坚强的心和坚定的意志，然后再找到克服困难的办法，或迎难而上，或曲折向前，向阻碍我们前进的困难挑战，克服它，勇往直前。

“像水一样流淌。”成功总会是我们的。

3 莫让时光消磨了你

——《明朝那点事儿》作者当年明月的故事

成长故事

他出生在一个平凡的家庭，他是一个普通得不能再普通的人，更有着普通得不能再普通的经历：上学，读书，玩耍，在平淡的岁月中一点点长大，过着和同龄人一样的琐碎日子。与别人稍有不同的是他很喜欢历史，读历史书，看历史故事，有时到了痴迷的程度。上小学时，当别的男孩正拿着玩具满街乱跑的时候，他独自蹲在家里如饥似渴地一本接一本地读着自己喜欢的史书。

一直不停地努力的人才会成功

光阴如白驹过隙，转瞬即逝。读大学时，大学的学习任务很轻松，面对许多的业余时间，很多大学生不知道该如何打发，大多数人都用恋爱、玩网络游戏来填补生活的空白，消磨自己的时间。而他在诸多的同学中，无疑是一个另类。他不谈恋爱，不玩游戏，也很少上街闲逛。功课之余，他最大的乐趣就是一头扎进史书堆中，去和古人对话。

大学毕业后，他顺利地考上了公务员，在惬意的办公室生活中，很多同事在没事时看看报纸，喝喝茶、聊聊天，打发漫长的时光。他和别人不同，他还是将自己闲暇的时间都用在了读史书上，他边看边记录着一些有趣的历史故事。他也很少或不去参加别人的应酬或休闲活动，他是同事们眼中的古董、不合群的另类，但他全然不理会这些，他依然全身心地投入到阅读历史上刀光剑影、富贵浮云的往事的乐趣中。他不想和别人一样，浪费自己的青春岁月，史书读多了，他就想自己写一本书，用自己的语言诠释一段古老的历史。

就这样，他利用业余时间写出了一本几十万字的书。他把这本书命名为《明朝那些事儿》，以“当年明月”的网名将其发表在网络上，小说一经发表，便迅速在网络上走红，他那独特的历史观和丰富的历史知识，还有那俏皮调侃的语言，受到了无数读者的追捧，各出版社也争相和他签订合约，要出版他的作品。于是，那个当年的小公务员“当年明月”几乎一夜之间就红透了大江南北。这是与他朝夕相处的朋友和同事们所没有想到的，从此大家也不得不对这个“古董”刮目相看了。

有人问“当年明月”是如何成功的，他调侃着说道：“比我有才华的人，没有我努力；比我努力的人，没有我有才华；既比我有才华，又比我努力的人，没有我能熬。在他们消磨时间的时候，我却在不停地努力着。”

成长启迪

如今，“当年明月”当年的同学和同事们仍旧默默无闻，而他却已大获成功，这其中的奥妙，不能不让人深思。

我们身边永远都不缺乏憧憬成功的人，真正实现自己梦想的人却寥寥无几，我们很多人都认为自己有过人的才华、足够的时间、伟大的梦想，可是，因为没有踏实的奋斗而未能获得成功，使得自己的才华在时间的消磨中消失殆尽。一些人才华横溢却工作平平，毫无建树。因为他们恃才傲物，好高骛远；因为他们永远活在自己营造的才华光芒下，没有想过怎样让别人认识自己的才华。相反，一些人才华平平，他们会在平淡琐碎的时光中根植梦想，抓紧时间充实自己，创造机会。最终，他们在别人感慨平庸生活的时候，收获成功。

其实，才华只是成功的千万个条件中的一个，而且还不是最主要的。有人说，知识比聪明重要，选择比聪明更重要。成功不是依靠学历和才华，它更多的需要我们踏踏实实地努力，需要我们选择正确的方式去做，把智慧应用于成长实践中，成功更需要的是实干。

别让无聊的时光消磨了我们，只要能把握自己的时间，珍惜分分秒秒，踏踏实实地去积累、创造，成功必将离我们不再遥远。

4 饿肚子也要买书

——德国诺贝尔文学奖获得者海因里希·伯尔的故事

1917 年，德国一个叫科隆的小镇降生了一个男孩。慢慢长大的小男孩从小就对文学充满浓厚的兴趣，可是他家里很穷，小男孩的父亲是一名专门给当地教堂雕刻手工艺品的木匠，父亲每天的微薄收入只能勉强维持一家 10 口人的温饱，不但没有培养他对文学兴趣的条件，甚至连为他买一本课外书的愿望都无法满足。

然而，这一切并不能阻止小男孩对文学的渴望与追求。镇上有一家书店，他是那里的常客，每天一放学，他便匆忙地往书店跑，家中没有活计的时候，他总要到书店去读一会儿书。为了能早点看上书，书店往往还没有开门，他就已经迫不及待地等在书店门口了。因为衣着单薄，加上营养不良，长得瘦弱的他有时候在寒风中冻得瑟瑟发抖。他便在书店门前的台阶上一级一级跳下去又跳上来，这样能暖和一些。时间久了，书店里的店员们都认识他了，都知道他家里穷，买不起书，但是他们从来不阻止他在书店看书，而且一有新书来了，还会向他介绍。

小男孩读书的时候非常入神，常常会不知不觉地忘记了时间，有时候到了该吃饭的时候，肚子“咕咕”地叫起来，他才想起父亲交代给他的任务还没有完成。于是，他放下书，拔腿往家里跑。父亲常会让他把做好的雕刻工艺品送到教堂，每次跑腿后，父亲都要留一点零钱给小男孩，让他上学时买点吃的。他用一点钱买一个最小的最便宜的面包，然后把省下来的钱存放到一个小铁罐里。小男孩最大的愿望就是存够钱买一本他最喜爱的书。

再冷再饿也要读书

一天，学校的老师宣布，为了让同学们开阔视野，班级的每个同学都要拿出几本课外书，让大家交换阅读。

这下可急坏了小男孩，他很听老师的话，但他连一本课外书都没有，他铁罐里存的那点钱也不够买一本书。小男孩知道家里没有钱，爸爸也不可能有多余的钱给他买书。小男孩自己琢磨，怎样才能每天多存一点钱，尽快买到一本书呢？想来想去，他决定把自己中午买面包的钱都省下来，这样几天就可以买到一本新书了。

在以后的几天里，小男孩将爸爸给他买面包的那点零钱都放到小铁罐里。每当上学经过面包坊，面对阵阵的奶油面包香味，他就使劲地咽口水，快步跑过去。面包坊的师傅招呼他进来吃面包时，他说自己已经吃过了。

小男孩饿了三天肚子，终于存够了买一本新书的钱。这天，小男孩来到书店，大声地对店员说："我要买一本新书。"店员奇怪地问他哪来的钱，小男孩告诉店员说是自己省下来的面包钱，就这样，小男孩终于买到了一本自己最喜爱的《格林童话》。对于这本得来不易的书，小男孩格外地爱护，他用牛皮纸把书包起来，并把书放在鼻子底下闻，那书页中所散发的阵阵油墨芳香令他深深陶醉，"这本书是我的啦，我有一本新书了。"

就是凭借这种对书的热爱和执着，长大后，爱书的小男孩终于成为一位著名的作家，他就是 1972 年诺贝尔文学奖得主海因里希·伯尔。

成长启迪

为了买书，宁肯自己饿肚子，海因里希·伯尔把精神食粮看得比物质食粮还重要。

宋朝皇帝赵恒在劝世子读书时说："富家不用买良田，书中自有千锺粟；安居不用架高堂，书中自有黄金屋；出门莫恨无人随，书中车马多如簇；娶妻莫恨无良媒，书中自有颜如玉；男儿若遂平生志，六经勤向窗前读。"字里行间无不告诉世人，读书可以考取功名，读书就什么都有了。我们暂且不评论封建皇帝的读书观是否正确，但是我们应该知道，我们要想成才，投身于社会，服务于社会，不读书是不行的。读书就是接受教育，学习知识。读书使人胸怀宽广，使人提高品位，读书更可以增强一个人的信心，提高一个人的竞争力。多读书，才能眼界广、境界高，才能更深更全面地分析问题、解决问题。

在今天这个竞争越来越激烈的社会，要想使自己有一席之地，要想使自己成长为有用之才，不读书、不学习几乎是不可能的。读书使人进步，学习使人自强。"学习改变生活，知识改变命运"这是亘古不变的真理。

5 追求忘我才能超越自我

——第一位荣获诺贝尔文学奖的女性茜尔玛·拉格萝芙的故事

成长故事

1858 年，一个女孩诞生在瑞典的一个富裕家庭。然而，不幸的是，女孩出生不久，就染上了一种无法解释的疾病，并因此瘫痪不能行走，为此她的爸爸妈妈甚是苦恼。

我要去看天堂鸟

女孩 7 岁的时候，一次和家人一起乘船旅行。同船旅行的还有船长的太太。船长的太太是一个很爱说话且招孩子喜欢的人，她和女孩一直相处得很好。一天，船长的太太绘声绘色地为在甲板上玩的女孩讲述船长养的那只天堂鸟的故事，这是一只特别美丽的鸟，它有着一种很神奇的力量。女孩被船长太太的话深深吸引了，她着迷地急于马上看到这只天堂鸟，她让照顾她的保姆快去找船长。于是，保姆只得将女孩独自留在甲板上，自己先去征得船长的同意。谁知，船长有事正忙，保姆只好在那里等候。但是，女孩在强烈好奇心的驱使下，实在等不及了，正好一个服务生路过，她请求服务生立即带她去看天堂鸟。那个服务生不知道她的腿有病不能走路，拉起她的胳膊就走。奇迹发生了，在过度的渴望下，女孩竟随着服务生慢慢地走了起来。从此，女孩的病痊愈了。

这个女孩长大后，对文学创作产生了浓厚的兴趣，她将自己的精力投入到忘我的文学创作上，先后创作出《戈斯泰·贝林的故事》《有形的锁环》《骑鹅旅行记》《圣诞节的故事》等深受人们喜爱的优秀作品，也因此成为第一位荣获诺贝尔文学奖的女性，她就是瑞典的著名作家茜尔玛·拉格萝芙。

成长启迪

有人曾经做过有趣的统计：在所有汉字中，使用频率最高的一个字就是“我”。由此可见，“我”在人们心目中是多么重要。但人生在世，要想成就一番事业，许多时候都需要把这个“我”字抛开，真正进入一种忘我的境界。

据说，能登上金字塔的动物只有两种——鹰和蜗牛。金字塔顶上出现一只鹰算不得稀罕事，但如果出现一只蜗牛，那就是一种奇迹。奇迹为什么会发生呢？设想，如果蜗牛清醒地意识到金字塔的高度，或许有再顽强的毅力也会退却，有再好的耐性也会垮掉。

一栋房子因发生火灾要倒了，为了救孩子，妈妈用自己的肩膀扛住了正在下落的房梁，听说这件事的人都觉得不可思议，因为这个房梁平时要六七个小伙子才能抬得动。有人问这个妈妈是怎样扛住的，妈妈说，根本就没想自己能不能扛住。许多时候，当一件事超出常规和常理时，也许我们只能用信念来解释，因为信念坚定而忘我，因为忘我而忽略了可能与不可能之间的距离，又因为这种忽略，生命的巨大潜能被调动了起来。

有时候，成功并不像我们想象的那么难，奇迹的出现也没有我们想象的那么复杂。关键在于，你必须进入一种忘我的境界，哪怕是短暂地进入。

第三章

点亮心灯，解开心结

每个人都有一定的理想，这种理想决定着他的努力和判断的方向。在这个意义上，我从来不把安逸和快乐看作是生活目的本身——这种伦理基础，我叫它猪栏式的理想。照亮我的道路，并且不断地给我新的勇气去愉快地正视生活的理想，是善、美和真。

——爱因斯坦

1 打开心窗的大爱

——美国总统罗斯福的故事

成长故事

1882年，在纽约的一个上层社会家庭中，一个男孩出生了。然而，他并非如他的兄妹一般幸运，因为患了脊髓灰质炎，他成了瘸腿，并且他的牙齿也参差不齐，这给他幼小的心灵蒙上了一层厚厚的阴影，他变得很自卑。上学后，他很少与同学们一起玩耍，老师叫他回答问题时，他也总是低着头一言不发，因为小男孩认为自己是世界上最不幸的孩子。

这一切都被男孩的父亲看在眼里，他决定用父爱帮助孩子重拾自信。

春天到了，男孩的父亲弄了些树苗，他想把它们栽在房前的园子里。他叫孩子们每人栽一棵。为了鼓励孩子们的积极性，父亲说，谁栽的树苗长得最好，就给谁买一件最喜欢的礼物。小男孩当然也想得到父亲的礼物，但是当看到兄妹们蹦跳着提水浇树的样子，再想到自己行动不便的腿时，他的心里很不好受，不由得萌生出一种阴冷的想法：希望自己栽的那棵树早点死去。因此，他为树浇过一两次水后，就再也没去搭理它。

可是，过了几天，当小男孩再去看他种的那棵树时，竟惊奇地发现它不仅没有枯萎，反而长出了几片新叶子，与兄妹们种的树相比，显得更嫩绿、更有生气。于是，父亲兑现了他的诺言，为小男孩买了一件他最喜欢的礼物，并对他说，从他栽的树来看，他长大后一定能成为一名出色的植物学家。从此，小男孩的心里燃起了希望的曙光。

一天夜里，望着窗外明亮皎洁的月光，原本多愁善感的小男孩躺在床上睡不着了，他忽然想起生物老师曾说过的话：植物一般都在晚上生长。自己反正睡不着，何不去看看自己种的那棵小树晚上是怎么长的？当他轻手轻脚来到院子里时，却看见父亲在夜色中给自己的那棵树浇着什么。顿时，一切他都明白了！他返回房间，泪水在他的脸颊上肆意地奔流着……

真爱无痕

小男孩体会到了父亲对自己的真爱，决心用自己的努力去回报父亲。几十年过去了，那瘸腿的小男孩虽然没有成为一名植物学家，但他却成为美国历史上唯一蝉联四届（第四届未任满）的总统。他就是富兰克林·罗斯福。

成长启迪

近代著名教育家陶行知曾写过一首《小孩不小歌》：“人人都说小孩小，谁知人小心不小。你若小看小孩子，便比小孩还要小。”话很简单，其中的道理却要让每一位父母咀嚼好一阵子。孩子年纪虽小，但心却不小。特别是在今天的信息社会，竞争日益激烈，压力越来越大，孩子们的内心更是复杂。再加上一些父母教育方式不当，孩子的心里更是容易产生难以解开的心结。

教育是一门心灵的艺术。我们的教育对象是活生生的人，所以教育的过程便不仅仅是一种技巧的施展，而是充满人情味的心灵交融。真爱无痕，对于一个脆弱而又敏感的孩子来说，没有什么比维护孩子的自尊，树立孩子的自信，更能拨动孩子心灵的琴弦，解开孩子心灵的结。

爱是生命中最好的养料，哪怕只是一勺清水，也能使生命之树茁壮成长。也许那个孩子是那样的平凡、不起眼；也许那个孩子是如此的瘦小，甚至还有些残疾，但只要有养料的浇灌和真爱的鼓励，他就能大放生命之光，成就一番伟业。

2 找准自己的人生定位

——诺贝尔生理学医学奖获得者奥托·勒韦的故事

成长故事

奥托·勒韦是美国著名的医师及药理学家。1873 年，奥托·勒韦出生于德国法兰克福的一个犹太家庭。少年时代的奥托·勒韦在艺术、音乐和绘画方面都表现出很高的天赋。但是长久以来，犹太人所遭受的歧视和迫害令其父母心有余悸，他们奉劝奥托·勒韦不要涉及意识形态领域，要专攻一门科学技术。受父母思想的影响，奥托·勒韦在选择大学专业时，放弃了自己的爱好和专长，而选择了医学。这种转变并非易事，然而这并没有难倒意志坚定的奥托·勒韦，他勤奋好学，不怕从头学起，他坚信只要自己专注于这个专业，就必定会成功。他执着于医学领域内的学习，进步很快。

完成了医学院的学业后，奥托·勒韦先后在欧洲和美国的一些大学，从事医学专业研究，在药理学方面取得了较大的发展。由于他在学术上的成就，奥地利的格拉兹大学于 1921 年聘请他为药理学教授，专门从事教学和研究。在此期间，他研究了神经学，通过青蛙迷走神经的实验，证明了某些神经合成的化学物质可将刺激从神经元传到应答器官。

找准定位，专心学习

奥托·勒韦在专业领域中的建树和成绩虽然卓越，但他身为犹太人，也同样遭受到了纳粹德国的迫害。当局逮捕了他，野蛮地没收了他的全部财产，并取消了他的德国国籍。后来他终于有机会得以逃脱，辗转到了美国，并加入美国国籍，受聘于美国大学医学院，开始了对糖尿病的专门研究。不论潜心于哪项研究，他都取得了很大的突破，特别是设计出检测胰脏疾病的勒韦氏检验法，更是为人类医学研究作出了巨大的贡献。

1936 年，奥托·勒韦荣获诺贝尔生理学医学奖。

成长启迪

古人说“人贵有自知之明”，把人的自知称之为“贵”，可见人是多么不容易自知；把自知称之为“明”，又可见自知是一个人智慧的体现。自知，就是要知道自己、了解自己。人之不自知，正如“目不见睫”，人的眼睛可以看见百步以外的东西，却看不见自己的睫毛。

人贵自知，认识自己先要正确地认识自己的优点和缺点，这关系到是否能够做出正确选择和确立自信，人的一生是在不断做出选择的，而缺乏自信则什么事也干不成。

人贵自知，寸有所长，尺有所短，每个人的个性、气质、爱好、志趣都不尽相同，每个人的成长之路、所处的生活环境也有所不同，因此，每个人都有适合自己发展的和不适合自己发展的方向。俗话说："男怕入错行"，对自己认识不全面，不深刻，自然很难找到真正适合自己的专业和行业；只有做到自知，才能为自己找准人生定位，才不至于入错行。

3 泥泞的路上才能留下脚印

——中国名僧鉴真大师的故事

成长故事

小和尚刚刚剃度遁入空门时，寺里的住持让他做了寺里谁都不愿做的行脚僧。

开始，小和尚做得还很认真，可到了后来，他就越做越不愿意做了。有一天，太阳已升起好高了，小和尚却依旧大睡不起。住持很奇怪，推开小和尚的房门，见床边堆了一大堆破破烂烂的草鞋。住持叫醒小和尚，问："你今天不外出化缘，堆这么一堆破草鞋做什么？"

小和尚打着哈欠，慵懒地回答道："师兄弟们一年一双草鞋都穿不破，可我刚剃度一年多，就穿烂了这么多的鞋子，我也理当为庙里节省些鞋子了。"

住持会意地笑了笑，他拉着小和尚要到刚下完雨的寺庙前的小路上走走。

寺前的路是一座黄土坡，刚下过雨后，脚走上去泥泞不堪。

住持一边和小和尚艰难地走着，一边问道："你是想做一个很普通的和尚，还是想做一个能光大佛法的名僧呢？"

小和尚不解："我当然希望做一代名僧，光大佛法了。"

住持微微一笑："昨天你从这条路上走过吗？"

小和尚说："走过，怎么了？"

住持说："你昨天从哪里走的，现在能找到昨天的脚印吗？"

小和尚更加不解了，心想，住持这是要干什么呢？他摇摇头说："昨天这路又坦又硬，怎能留下脚印呢？"

住持又笑笑说："那你今天能找到你刚走过的脚印吗？"

泥泞的路上才能留下脚印

小和尚若有所悟地深思着。接着，住持拍拍小和尚的头："只有泥泞的路才能留下脚印啊。碌碌无为的人，不经风不沐雨，没有起也没有伏，就像一双脚踩在又坦又硬的大路上，走过去，什么也没有留下；而那些经风沐雨的人，在苦难中不停地跋涉，就像一双脚行走在泥泞里，一路留下的脚印正印证着他们行走的价值。"

小和尚惭愧地低下了头。从此，他一心修行，终于成为一代名僧，他就是后来驰名中外的鉴真大师。

成长启迪

古人云："天将降大任于斯人也，必先苦其心志，劳其筋骨……"一个人在通往成功的道路上不可能平平坦坦、铺满鲜花，很难一帆风顺。人生的道路总是泥泞不堪的，难免会遇到困难和挫折，而要在自己的人生经历中留下精彩的痕迹，就需要积极地进取、迎难而上，否则将会碌碌无为，人生自然也就平淡无奇了。

人生要留下有价值的脚印，就必须走过泥泞不堪的道路。那些一生碌碌无为的人，他们不经历挫折和坎坷，平平淡淡地过完一生，什么也没有留下；而那些经历风雨和坎坷的人，在困难中不停跋涉，一生过后，他们为社会留下了宝贵的财富。没有风浪不是大海，没有坎坷不是人生。人生只有经历坎坷，生命才会深刻。要真正使自己的人生更加辉煌，就要在平时敢于直面各种困难，不怕挫折与磨难，不消极回避"泥泞"的道路，学会处理各种复杂的问题，这样才能够应付各种难关，关键时刻能够经受住考验，实现自己的人生价值。

4 父亲的一堂人生励志课

——国际电影巨星阿诺德·施瓦辛格的故事

成长故事

20 世纪 40 年代，一个男婴降生在奥地利格拉茨的一位警长家。在他过 10 岁生日那天，父亲让男孩说出自己的人生理想。男孩对着生日蜡烛许下了三个愿望：一是成为世间最强壮的人；二是成为一名成功的商人；三是成为一名出色的政治家。父亲听了儿子的志向后，非常高兴，但是他并没有给儿子更多的赞美之辞，而是给儿子讲了一个故事。

在美国费城的纳尔逊学院门口竖立着两尊雕塑：一只鹰和一匹马。那只鹰，低垂着脑袋，身形萎缩；那匹马，双目微睁，皮开肉绽。许多人不明白纳尔逊学院为什么要竖立起这样两尊奇怪的雕塑。于是，有位学子带着内心的疑云去询问学院的院长。

永不抱怨，埋头干好每一项工作

院长先生指着那只鹰说："这只鹰在很小的时候，就向往着像其他的鹰一样搏击长空，翱翔四方，于是它带着强烈的愿望开始了对各种飞翔本领的练习，由于鹰学习刻苦，终于将飞翔的技巧和技能熟练地掌握了。不久，鹰迫不及待地展翅飞向自己一心向往的蔚蓝的天空。它在空中自如地展示着各种飞翔的技巧，一会儿滑翔，一会儿俯冲，一会儿盘旋。它飞过很多地方，尽情地领略天空的广阔和大地的秀美。它为自己的成功感到自豪、骄傲。渐渐地，鹰飞累了，感到很饥饿，它凌空俯视地上奔跑的兔子和田鼠，却不知道该怎样去捕获它们，因为过去它只顾着学习飞翔的本领，而对于如何捕食却一窍不通。筋疲力尽的鹰再也没力气飞了，它伏在一处山崖上动弹不得，最后被活活饿死了。”

接着院长先生又继续说起马来：“那是一匹自负的马。本来它生活在一个磨坊主家，因为成天拉磨而觉得委屈，马觉得这样会埋没了自己超强的奔跑能力，一只善于奔跑的马怎么能成天拉磨呢？于是，马跑到上帝那儿抱怨。上帝就把马安排到一个农夫家，农夫常常让马拉着车子运些粮食和杂物。一开始马觉得这种生活不错，但是没过多久，马又开始不满足了，它跑到上帝那里抱怨农夫家只让自己拉车，却给自己吃得太差，因为农夫总是拿点干草喂它。于是，上帝又一次满足了马的要求，把它换到一个能够让它吃得好的皮匠家。这回马根本不需干活，每餐吃香喷喷的豆渣，皮匠还会每天给马洗刷皮毛，马感到很高兴、很满足。可是不久，马却被绑在了木桩上，皮匠用刀一下结果了它的性命，剥下了它那质地优良的皮。”

父亲告诉男孩：一个人不仅要有理想，更要学会生存。要学会生存技能，还要懂得生存的法则：在没有干好手头上正在从事的工作之前，永远不要抱怨。

男孩在成长过程中一直牢记着父亲给他讲的故事，并用故事中的道理指导着自己的生活。他从来不抱怨命运，而是埋头干好所从事的每一项工作。为了生存，他刻苦学习安身立命的生存技能，通过经营房地产赚取了他人生的第一桶金，成为百万富翁。后来，他又刻苦练习健美，前后共获得过一届国际先生、五届环球先生（世界健美冠军）和七届奥林匹克先生的荣誉，创造了健美界的奇迹。21岁时，他移居美国，改行做电影演员，他更加刻苦地钻研于演技，在银幕上塑造了许多家喻户晓的经典人物形象，成为人们所仰慕的国际巨星。他干一行，就钻研一行；做什么，便要做好。他写过书，一经问世便被抢购一空；他热心于公益事业，其卓越的表现，使他获得了老布什总统颁发的“国民领袖奖”；尔后，他又走上政界，竞选为美国加利福尼亚州第三十八任州长，为了本州的经济发展与繁荣，他不遗余力地工作着。

他就是国际电影巨星阿诺德·施瓦辛格。

成长启迪

理想，我国古代的先辈们称它为“志”。先贤说：“人无志而不立。”一个人假若没有远大的理想，是不可能有所作为的。今天的人们又把理想赋予了更多的意义：理想是沙漠中的绿洲，是暗夜中的灯光，是吹响生命的号角；理想是我们奋勇前进、勇于创新的动力；理想是人生的指路灯，是战胜困难的力量源泉……诗人流沙河曾说过：“理想是石，敲出星星之火；理想是火，点燃熄灭的灯；理想是灯，照亮夜行的路；理想是路，引你走向黎明。”

是的，没有理想，我们就失去了前进的目标；没有理想，我们就没有了奋斗的方向。

施瓦辛格的父亲作为一个现实主义者认为：“一个人不仅要有理想，更要学会生存。一是要懂得生存的基本技能，二是要懂得生存的法则：那就是一个人首先做好手头上正在从事的工作，在没有干好之前，永远不要抱怨。”这句话告诉我们：理想、生存、自己目前从事的工作三者之间的关系——要实现理想，首先要学会生存，生存的问题都解决不了，谈何理想。为了生存，就要努力做好正在从事的工作，把正在从事的工作做好了，理想才能实现。

5 只要按着自己的方向不懈努力

——美国著名“房产大亨”凯恩的故事

成长故事

凯恩出生在美国俄亥俄州的一个小职员家中。他在家中排行老四，在他之前，家里已经有两个男孩和一个女孩，他们都很聪明，学习成绩优秀且各有特长，父母也常以拥有这样聪明、伶俐的孩子为荣。可是，自从小凯恩出生后，意想不到的事却发生了，他居然一点儿也不像他的哥哥姐姐，一生下来，就呆头呆脑、笨手笨脚的，做什么都比同龄的孩子要慢半拍。

父母总是批评他如何笨，跟别的孩子比如何差，要他向其他孩子学习，追赶他们。

为此，凯恩很苦恼，为什么自己不能像哥哥姐姐那样聪颖呢？他也曾千方百计地努力过，但效果总是不大明显。

父母带他去看了医生，原来凯恩除了智商偏低外，还患有动作障碍症。这使父母不再对他抱有过高的期望，只希望他将来能够自食其力就好，这件事也给凯恩幼小的心灵蒙上了一层深深的自卑。

凯恩上学后不久，遇到了一位影响他一生的老师——杰西卡。她学识渊博，更有着一颗仁爱、智慧的心。她对每个孩子都一视同仁，还特别关注对凯恩的教导和鼓励，她从来没有埋怨、批评或轻视过凯恩，而总是笑容可掬地鼓励他：“别着急，慢慢来，不用跟别人比，你只要按着自己的方向努力，相信你会一天比一天做得更好的。”

一次，凯恩在数学考试中又获得了全班唯一的“C”。凯恩难过地找到杰西卡老师说："老师，我太笨了，我总是比不过别的同学。"

杰西卡慈爱地抚摸着凯恩的头，说道："亲爱的孩子，谁说你笨了？你这次考试就比过了一个同学，很有进步啊！"

"我比过了一个同学？"凯恩不解地抬头望着杰西卡老师。

"是的，你这次得了'C'，而上次你得的是'C－'呀，你这不是超越了自己一次吗？"杰西卡微笑地注视着凯恩的眼睛，并告诉他，"孩子，记住——最重要的是要能看到自己的进步，只要你不停地追赶和超越你自己，你就是在不断进步着，你就是可爱、可敬的，你就没有必要自卑地低头。"

从那以后，那个经常愁眉不展的凯恩不见了，他就像是变了一个人，他不再回避他人，每天都昂首挺胸，嘴里还吹着快乐的口哨，迥然是个自信、快乐的孩子。他尝试着以前不敢尝试的一切，他学唱歌，虽然依旧跑调，可他却很投入，并且怡然自得；他练长跑，虽然速度还是那么慢，但他能够天天坚持，那种毅力非他的哥哥姐姐们所能及……

这次考试表现很好，很有进步

慢慢地，凯恩有了许多进步。全家人都很高兴，他们不再说凯恩笨了，而是经常充满激励与赞赏地对凯恩说："凯恩，你做得的确比以前更好了！"

奇迹慢慢地发生了，凯恩的功课不再总是倒数第一，而是在缓缓地提高。高中毕业时，几所大学同时录取了他。

在凯恩 25 岁那年，他拥有了自己的房地产公司。他公司的业务扩展到了美国的六个州，上百座高楼大厦经他公司的建造拔地而起，他竟成为身价过亿的"房产大亨"。

凯恩最大的幸运就是遇到了杰西卡这样的好老师。而杰西卡在对凯恩进行教育的过程中，唯一的、也是最有效的法宝就是不断鼓励小凯恩，让他战胜自卑，变得自信，从而激发他的潜能，这就是凯恩取得理想成绩的原因所在。

成长启迪

每个人都有自己的人生，我们不用跟别人比，只要按着自己的方向努力，相信一天会比一天做得更好。

其实，由于家庭出身、容貌身材、智商情商、所受教育、成长环境等因素的不同，人和人之间没有可比性；每个人都有自己的优点和缺点，每个人都有各自不同的成长道路，我们不能拿自己的优点和别人的缺点比，也不能拿自己的短处和别人的长处比。我们可以把比自己强的人作为超越的目标，向别人看齐，但不用拿别人的成就来打压自己。

只要我们选定了自己前进的方向，按着自己的方向不懈努力，不管我们的基础如何，只要每天进步一点点，那么，我们每天都会有一个新的面貌，每天都会有新的收获。是的，对于我们来说，做最好的自己，就是人生最大的成功。

6 每个人都是平等的

——意大利男高音歌唱家帕瓦罗蒂的故事

成长故事

1935年，帕瓦罗蒂出生在意大利北部小城莫迪纳。与众不同的是，他刚出生就能发出独特明亮的嗓音，当时医生就认为他长大后会成为一个出色的男高音。所以，童年时代的帕瓦罗蒂就在自己要成为歌唱家的梦想中一天天长大，但是现实是残酷的。他的出身卑微，父亲是面包师，母亲是女工，这样的家庭根本没有能力让他接受良好的音乐教育。幸好，一家专门为贵族子弟开办的音乐学校的校长看中了帕瓦罗蒂的天赋，破格让他到那里学习。10岁那年，帕瓦罗蒂胆怯地走进了音乐学校。而作为回报，男孩需要每天早上最早一个到学校来为学生们烧开水，下午放学需要打扫完全校的卫生才能最后一个离开。

帕瓦罗蒂将这视为非常难得的学习机会，他比任何同学都懂得珍惜，也比任何一个同学都刻苦学习、认真训练。一次，全班同学中只有帕瓦罗蒂一个人通过了校长近似苛刻的考试。校长严厉地指责其他学生在良好的环境中不思进取，得过且过，虚度光阴，同时也赞扬了帕瓦罗蒂是班上最优秀的。那些调皮而又自我优越感很强的贵族子弟们回敬道："校长，你有没有弄错，他可是卖面包的孩子啊！"在教室里学生们发出的一片嘲笑声中，小帕瓦罗蒂低下头，羞红了脸，坐在那里一言不发。校长却告诉他："孩子，要正视卑微，卑微并不可怕，不思进取才是最不能容忍的。我相信你将来能够成为最优秀的人。"

从此，帕瓦罗蒂更加努力，果然不负校长所望，经过十多年的不懈努力，他终于登上了向往已久的舞台，成为当代著名的男高音歌唱家。1963年，他在英国伦敦出演歌剧《波希米亚人》获得了巨大的成功；1990 年夏，帕瓦罗蒂作为三大男高音之一，与多明戈、卡雷拉斯一起为在意大利举办的足球世界杯赛登台演出，从此帕瓦罗蒂被世人公认为是世界第一男高音。

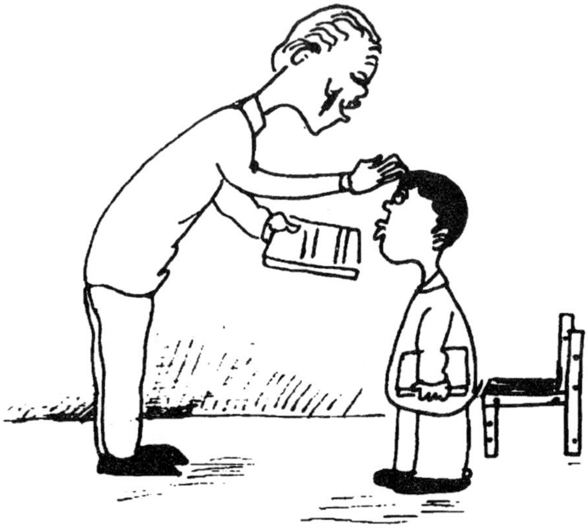

在音乐面前，没有高贵和卑微之分

当人们问他如何获取成功时，帕瓦罗蒂深情地说："是校长告诉我，正视卑微是人生的第一堂课。我从此以后忘记了自己是面包匠的儿子，我知道了，在音乐面前没有高贵，没有卑微，人人都是平等的。"

成长启迪

出生在贫穷之家，身体有缺陷等，这些我们都无法去选择，甚至有时候我们也无法去改变什么，但我们不能因此而觉得自己很卑微。要知道，人生来就是平等的，我们每一个人都拥有被尊重、被爱护的权利。

当我们遭受冷冰冰的目光、不屑的轻哼以及锐利的讽刺和挖苦时，请站直自己的身躯，抬起头，挺起胸，给自己一个向上的心情，将生活中的不美好通通扔掉，将自己身体里埋藏的潜能挖掘出来，用自己的努力换取未来的成功。

第四章

看准方向，只管向前

在子女还小时，父母就应当考虑他们将来的职业方向并加以培养，因为这时他们最易塑造。但在这一点上要注意，并不是孩子小时所喜欢的就是他们终生愿意从事的。

——洛克

1 只要有一次成功就够了

——肯德基创始人哈伦德·山德士的故事

成长故事

有人将失败比喻成一种随时会令人溺水的深潭，可是有一个人，一生中曾经1009次掉入这个深潭，历经了1009次的失败，他不但没有溺水，反而获得了新生。面对人生的第1010次考验时，他终于成功了。他说：“一次成功就够了。”

少时的艰辛和困苦注定了他一生的挫折和不平凡。在他5岁时，父亲病故，家里的日子变得艰难起来；12岁时，他母亲带着他和弟妹们改嫁，继父待他非常不好，所以他不得不辍学；14岁时，他离开了继父家，过上了流浪的生活；16岁，他参加了远征军，却因极度晕船而被提前遣送回乡；18岁，他结了婚，只过了几个月，妻子就卷走了家中的所有财产逃回了娘家；20岁，他当电工、开轮渡，当铁路工人，样样不顺；30岁，他做保险公司推销员，由于老板不兑现奖金而与其发生矛盾，尔后愤然辞职；31岁，他通过自学法律，当上了律师，可在一次审案时，却在法庭上与当事人动起手来，因而他又痛失律师的职业；35岁，他做轮胎推销员，不幸又一次光顾他，当他开车路过一座大桥时，大桥钢绳断裂，他连人带车跌到河中，为此身受重伤而休养了好几年；40岁，他开了一个加油站，却因与竞争对手发生矛盾将其打伤而引来一场没完没了的官司；年近50岁时，他与第二任妻子离婚，自己带着三个孩子艰难地生活；60多岁时，他开了一家快餐店，经营自己的山德士炸鸡，但生意刚刚红火起来，政府修路又占了他的店，他再次沦为穷光蛋。无以为生的他，只能依靠政府的每月105美元的救济金生活。

后来，他凭借自己做炸鸡的绝活，到一些小餐馆推销自己的炸鸡技术，在两年当中，他曾被拒绝了 1009 次，终于在第 1010 次时，他得到了一个饭店老板的一句“好吧！”的回答，于是他逐渐有了属于自己的品牌和专利。70 多岁时，他转让了自己创立的品牌和专利，并拒绝了购买人将股份作为购买金的一部分支付给他的要求，但后来事实证明了这种选择的错误性，股票大涨，他失去了成为百万富翁的机会。

80 多岁已经暮年的他，还想自己做点什么，于是他又开了一家快餐店，结果却因商标专利再次和人打起了官司。可他并没有就此甘心，而是失败了再重来，不懈地坚持着。终于，在他 88 岁时，他大获成功。他，就是肯德基的创始人——哈伦德·山德士。

一次成功就够了

哈伦德·山德士发明了著名的“肯德基炸鸡”，开创了“肯德基快餐连锁”业务，肯德基餐厅遍布于世界各地，全球共有 3 万多家，肯德基成为世界最大的炸鸡快餐连锁企业，而以山德士形象设计的肯德基标志，也成为世界上最出色、最易识别的品牌之一。

面对无数的失败和变故，哈伦德·山德士曾说：“人们经常抱怨天气不好，实际上并不是天气不好。只要自己有乐观自信的心情，天天都是好天气。”

成长启迪

著名作家巴尔扎克说过：“挫折和不幸，是天才的晋身之阶，信徒的洗礼之水，能人的无价之宝，弱者的无底深渊。”

“失败为成功之母。”这句话的含义众所周知，它告诉我们，失败与成功同样重要。因为失败会激励成功者，也会击垮失败者，这是成功者之所以成功的原因，也是失败者之所以失败的重要因素。

每个人一生中都应该努力学习一门重要的学问，那就是怎么去面对“失败”，对“失败”处理的好坏往往会影响一个人一生的命运。有人说，失败是成功的先导，失败是成功的基石，失败是成功的阶梯，失败是奋起的动力。失败并不重要，重要的是我们如何面对失败。失败者与成功者的区别不在于他们失败的次数多少，而在于他们失败后不同的态度和作为。

只要永不放弃，每次失败后认真总结经验，汲取教训，把经验和教训转变为向上的力量，有朝一日总会获取成功。

2 成功就在无数的坎坷和磨难之后

——瑞典化学家诺贝尔的故事

成长故事

诺贝尔出生于1833年的瑞典首都斯德哥尔摩，他一出生就体弱多病，与其他孩子相比，他的个性比较内向、孤僻。诺贝尔的父亲伊曼纽尔·诺贝尔是位发明家，他倾心于化学研究，尤其喜欢研究炸药。诺贝尔经常和父亲一起去做实验，在轰隆轰隆的爆炸声中诺贝尔度过了自己的童年，也练就了顽强而勇敢的性格。

孩子，你肯定行

诺贝尔到了8岁才上学，只受过一年的正规学校教育。由于全家迁居到俄国，语言上的障碍，使得诺贝尔和两个哥哥都进不了当地的学校，父母只好为他和哥哥们请了一个瑞典的家庭教师，指导他们学习俄、英、法、德等语言。体质虚弱的诺贝尔特别勤奋好学，学习也很优秀。15岁时，因家庭经济困难，兄弟三人只好停止学业。诺贝尔来到了父亲开办的工厂当助手，这使他有了更多的机会接触化学研究，他对此表现出了浓厚的兴趣。在那里，他细心地观察着，认真地思索着，如饥似渴地学习着。

待家庭条件好一些时，父亲为了让诺贝尔有更好的发展，送他出国考察。诺贝尔在国外考察的两年时间里，他先后去过德国、法国、意大利和美国。由于他刻苦学习，善于观察，不但积累了很多知识，还精通多种语言，这些都使他成为一个名副其实的学者和有着实际操作经验的科学家。

当诺贝尔重回到父亲的工厂后，他主动承揽了研究威力更大的炸药的任务。尽管他很努力，也很有经验，却多次遭遇失败，这让诺贝尔感到十分沮丧。每当这时，父亲总是鼓励他："孩子，继续努力。你肯定能行！"于是，凭着不屈的意志和惊人的毅力，他在研究和试验中投入了更大的激情。经过五十多次反复的试验，诺贝尔终于成功地研制出了硝化甘油炸药，瑞典、丹麦、英国等多个国家都为他颁发了专利证书，从此，诺贝尔名声大振。

诺贝尔将毕生的精力都献给了科学研究，他的发明对世界具有重要的意义。在临死前，他更将自己的3300多万瑞典克朗的遗产作为基金捐献给全世界追求文明、科学进步与捍卫和平的、功勋卓越的人们。今天，以他的名字命名的诺贝尔奖，已经成为举世瞩目的最高科学大奖，他的名字和巨大贡献将永远载入人类文明发展的史册。

成长启迪

"文王拘而演《周易》，孔子厄而著《春秋》，屈原放逐，乃赋《离骚》，左丘失明，厥有《国语》，孙子膑足，《兵法》修列，不违迁蜀，世传《吕览》，韩非囚秦，《说难》《孤愤》……"从古到今，几乎所有的杰出人物都不是一帆风顺走向成功的。只有善于把握逆境的人，才能在逆境中崛起。只有历经磨难，才具有担当大任的资历。

成长中的我们，作为一个普通人，也是一样，很多时候我们都不得不面对痛苦的伤害。贫穷、厄运、失败、磨难，即使不遇到大坎坷，也会遇到小曲折。

常言说，人生不如意十有八九。尽管每个人都渴望人生道路宽敞平坦，没有荆棘，然而曲折、磨难、逆境总会不请自来。逆境的确让人伤心落泪，痛苦难忍，给人带来身体上的创伤和精神上的折磨，但逆境却能磨炼我们的毅力，激发我们的潜能。

因此，当身处顺境时，切莫得意忘形，因为顺境只是一时，不是一世；当身处逆境时，也勿悲观失望，因为只要勇于战胜逆境，顺境就在前面。无论是顺境还是逆境，对人生的作用都是二重的，关键是我们怎样去认识和对待它们。当逆境来临时，抱怨、消沉都于事无补，唯一正确的选择就是坦然面对，勇敢地砸碎痛苦，化逆境为动力，更加发奋努力，方能战胜逆境。

3 执着的求职者

——日本松下电器创始人松下幸之助的故事

成长故事

提到松下电器的创始人松下幸之助的名字恐怕无人不晓，而这个被称为日本经营之神的大人物在年少时也曾生活窘困。他曾经到一家电器厂求职，他深知又瘦又小的自己不可能受到招聘主管的重视，好的工作更不会安排给他，于是他便请求安排给他一个最差的职位。招聘主管看他其貌不扬，穿着又脏又破，便没有相中，随便找了个理由推脱道："现在不缺人，过一个月再来看看吧。"一个月后，松下幸之助又去了。招聘主管又称有事，没空见他。几天后，松下幸之助又去了。就这样，他反复去了多次，招聘主管只得出面，找个理由回绝道："你这样脏兮兮的进不了厂。"

松下幸之助听后，回去借钱买了套衣服，穿戴整齐的他又出现在招聘主管的面前，招聘主管无奈之下便问他是否懂得关于电器方面的知识，松下幸之助摇摇头，招聘主管以此为由再次回绝了他："关于电器方面的知识你知道得太少，所以不能录用你。"执着的松下幸之助并没有就此放弃，他回到家，用了两个月的时间来学习电器方面的知识，然后他又一次到电器厂求职。他真诚地对招聘主管说："我已经学了不少关于电器的知识，您看哪方面还有差距，我一项项来弥补。"招聘主管惊愕地看了他半天，不由得赞叹道："我干这项工作几十年了，头一次见到你这样来找工作的，真佩服你的耐心和韧性。”松下幸之助终于靠自己的韧劲打动了招聘主管，并如愿以偿地进入电器厂工作。

我会再来求职的

在电器厂工作的那段时间，松下幸之助积累了许多经验，之后，他建立了日本松下电器公司，随着许多新产品的不断开发和面世，企业效益直线攀升。松下幸之助的个人收入多年位居日本的前列，直至 1989 年他逝世时，留下了 15 亿多美元的遗产。他在经营管理方式等方面的成功，受到了众多企业的追捧，由此他被奉为日本的经营之神。

成长启迪

有人说，自信＋努力＋执着＝成功；有人说，执着＋毅力＋自信＝成功；有人说，自信＋执着＋韧劲＝成功；还有人说，热爱＋执着＋自信＝成功。不管怎么说，要想成功，自信和执着都是非常重要的因素。

成功赢在执着，赢在自信，赢在坚持不懈的追求，赢在自我的努力奋斗之中。成长中的我们，自信心非常重要。不要害怕学习和工作中遇到困难，不要害怕遭到别人的拒绝，不要期望什么事情都会成功，要把困难和不顺利想得多一点儿，凡事多从不利处着眼，向最好处努力，让自己真正具有耐力和韧性。一个具备了这样优秀素质的人，成功自然就会在不远处。

4 方向比努力更重要

——诺贝尔化学奖获得者普里高津的故事

成长故事

以研究非平衡态的不可逆过程热力学、提出“耗散结构”理论而闻名于世的比利时化学家普里高津出生于 1917 年的莫斯科，他从小就曾表现出非凡的天赋，然而他小时候的理想竟然是做一个钢琴家。

原来，普里高津一家于 1921 年移居德国，当时的德国一片混乱，为了使孩子们不受外界环境的影响，普里高津的妈妈决定让他们学习音乐，妈妈为普里高津选择了学习钢琴。少时的普里高津也决心成为一个钢琴家。美妙的音乐世界在普里高津的眼里虽然颇具魅力，但是对于好动的孩子来说，一首曲子要经过上百遍的练习还是非常枯燥的，所以他常常在家里搞一些恶作剧。妈妈看到他这样，觉得有必要好好教育他。

一次，在普里高津不好好练琴时，妈妈对他严肃地说：“在你们几个兄弟姐妹中，最有音乐天赋的是你，现在你也表现得很好，但是你真喜欢音乐吗？

想过要成为一个杰出的钢琴家吗？”普里高津知道自己没有好好按妈妈说的做，惭愧地低下了头。妈妈告诫他，做一切事情都需要专心致志，弹钢琴更是如此。在妈妈的严格教育下，他养成了专心做事的好习惯，当然，在学习钢琴上进步也很快。

妈妈支持你

1929 年，普里高津一家迁往布鲁塞尔，普里高津进入雅典中学学习。在这里他大开眼界，兴趣也变得广泛起来，他开始喜欢考古学、文学和哲学。渐渐地，普里高津对化学也有了浓厚的兴趣，有一天他和妈妈说出了自己打算做个化学家的理想。妈妈高兴地支持他说：“小时候让你学习音乐是为了使你能摆脱外界环境的干扰，培养你的情操，教你学会做事一定要专心。现在你长大了，选择什么目标，自己把握好就行。要知道，一旦选择了目标，就要为之不懈努力。”在妈妈的支持下，普里高津坚定了自己的方向，并在化学这个学科上更加努力地学习，后来他终于学有所成，1977 年，他荣获了诺贝尔化学奖。

成长启迪

爱因斯坦曾经说过：“兴趣是最好的老师。”先贤孔子也说：“知之者不如好之者，好之者不如乐之者。”一个人一旦对某事物有了浓厚的兴趣，就会主动去求知、去探索、去实践，并在求知、探索、实践中产生愉快的情绪和体验。

有了兴趣，就等于成功了一半，找到自己的兴趣点，不懈地努力下去，每个人都会获得成功。所以，选择自己的兴趣点很重要，这也是孙子兵法中的“知己知彼”，了解自己，知道自己能做什么，善于做什么，这对自己是十分重要的。

大部分在学业上有所成就的人，无不对自己的学业有浓厚的兴趣，他们能够把自己的注意力集中在一个目标上，专心致志，潜心攻读。美国教育心理学家华尔特·科勒斯涅克说过：“兴趣可以看成既是学习的原因，又是学习的结果。正像兴趣是过去学习的产物一样，兴趣也是今后学习的手段。”心理学研究也表明：一个人做他感兴趣的事，可以发挥智力潜能的80%以上；而做不感兴趣的事情，则只能发挥智力潜能的20%左右。因此，对于求学之初的青少年朋友来说，激发和培养学习兴趣，可以使自己注意力高度集中，观察力敏锐，思维活跃，想象丰富，激发灵感，增强自信心，并取得理想的学习效果。

5 浪子回头的父与子

——美国IBM创始人沃森的故事

成长故事

有个美国人叫沃森，因为出身贫困没读过几天书，十几岁就开始当推销员谋生。之后，他用自己仅有的一点积蓄与别人合开了一家肉铺，可合伙人却在一个早上把全部资金席卷一空，逃之夭夭，肉铺因此倒闭了。破产后的沃森只好重操旧业继续做推销。在他40岁那年，他的儿子小沃森出世，他的事业也逐渐步入正轨。然而，不幸又一次降临在他的头上，沃森惹上了一场官司，面临着牢狱之灾，他虽然交了保释金而得以脱身，却被老板怀疑，并因此被扫地出门。在离开公司的那一刻，气愤的沃森转身对老板说：“我要去创办一个企业，比这儿还要大！”

你家这孩子长大了也不会有出息

沃森继续辛苦地为一家人的生计而忙碌着，眼看着儿子小沃森一天天长大，他又把美好的希望寄托在儿子身上。为了让小沃森有所成就，老沃森对其管教很严，可孩子的逆反心理致使小沃森不但没有成为一个上进的“好孩子”，反而成为左邻右舍和学校里赫赫有名的“坏小子”，他经常做一些恶作剧，气得他的小学校长断言：“这个孩子长大了也不会有出息。”小沃森的顽劣使得老沃森非常懊恼，父子关系也变得非常紧张，小沃森也因此患上了长达好几年的抑郁症，并且还患上阅读障碍症，勉强念完高中上了所大学。大学毕业之后，小沃森也和他的父亲一样成为一名推销员，但他不务正业，将大部分时间都花在玩上。

老沃森自从被公司开除后就来到纽约闯荡，他独辟蹊径，开了家生产制表机和计时钟等办公自动化工具的公司，这成为他事业上的新转机，也是其迈向成功的关键性的一步。在老沃森的不懈努力下，他的业务越做越大，几乎所有的保险公司和铁路公司都用上了他们公司生产的制表机，就连美国政府也向他发来了订单，老沃森成为人们称赞的“世界上最伟大的推销员”。

小沃森厌倦了推销员的工作，他参军成为一名飞行员，军旅生涯使他变得成熟起来。退役后，他回到父亲的公司帮助父亲打理业务。沃森父子所经营的公司就是大名鼎鼎的“IBM”，也就是“国际商用机器公司”。

在小沃森接管IBM后，他大胆地进行了开拓性的工作，他投入了50亿美元，“以整个公司为赌注”，启动了一条全新的计算机生产线。就当时而言，这是一种高额且高风险的投入，因为美国研制第一颗原子弹的曼哈顿计划才用了20亿美元。但这一举措却大获成功，IBM以其管理出色、技术超前、产品独树一帜而成为计算机界的“蓝色巨人”，成为带动全球信息业发展的领头羊。在IBM那无比智慧的引导下，阿波罗飞船成功地登上月球，哥伦比亚航天飞机飞上太空，IBM迈向了一个又一个的辉煌。1986年，IBM公司年销售额高达880亿美元，雄踞世界100家最大公司的榜首。在这其中，小沃森的卓越才能充分地得到了展示。

这对曾经“一事无成”的父子，在事业上努力拼搏，继往开来，共同改变了美国现代商业的面貌。

成长启迪

成功不分先后，处于各种年龄阶段的人，都可以有所作为。生活中我们不要用一成不变的眼光看待别人和自己。人总是会变化的。波兰钢琴家肖邦7岁时创作了“G小调波罗乃兹舞曲”；爱迪生10岁时在他父亲的地下室建立起一个实验室，开始了历史上最伟大的发明事业；安娜·玛丽·罗伯逊在她75岁以后开始作画，80岁成功举行了首次女画家个人画展；大提琴家帕布罗·卡萨尔斯88岁照常举行音乐会……

一个人能找到适合自己发展的路其实不容易，这需要经过无数的尝试和挫折。但一旦找到适合自己的路，成功就离自己不远了。当初一事无成的沃森父子，经历了多少次的探索，受到多少人的白眼，才找到了自己的路，经过不懈的努力，终于成就了大业，共同改变了美国现代商业的面貌。

平凡的我们，如果像沃森父子那样不懈地努力，也许也能成就一番大事业。

6 勇敢地爬上台阶

——美国第十六届总统林肯的故事

一个年轻的妈妈领着一个约两岁的小男孩，要登上公园广场前面那个有着十几个阶梯的台阶。妈妈本想牵着小男孩的手一起上，小男孩却挣脱妈妈的手，他要自己爬上去。只见小男孩手脚并用地向上爬着，当爬上两个台阶时，小男孩回头瞅了一眼妈妈，似乎觉得台阶很高，妈妈却只是用充满慈爱和鼓励的眼神看着他，并没有要伸手扶他的意思。小男孩又抬头向上看了看台阶，最终决定还是自己爬上去。他小心地向上爬着。看得出他爬得很吃力，小屁股抬得老高，小脸蛋也累得通红。当他爬上最后一个台阶时，回头看看一直跟在后面为他鼓劲的妈妈，她的脸上露出了满意的笑容。•

这个小男孩，就是后来的美国第十六任总统林肯。

林肯出生于一个农民家庭，由于家境贫穷，他所接受的正规教育的时间，断断续续的，加起来还不足1年。林肯从小就热爱学习，渴望知识，他正直善良、不畏艰难，尽管学习条件艰苦，买不起纸和笔，但这并没有阻止他学习的热情。他用木炭在木板上写字，用小木棍在地上练字。他抓紧一切可利用的时间看书，就连干农活时也不放弃学习。

宝贝，加油！

林肯的人生之路几经坎坷，他曾失过业，做过工人，当过律师。艰苦的生活使他变得越发坚韧，当林肯 29 岁时，他开始竞选美国议员和总统，前后历经 11 次尝试，9 次失败。终于，在 51 岁那年他问鼎白宫，并取得了辉煌的政绩，成为美国历史上最伟大的总统之一。

成长启迪

人的一生，学习、生活、工作都不会一帆风顺，困难和挫折定然会伴随着我们的一生。困苦、曲折、坎坷、挫折、失败等不如意就如一个又一个的台阶，需要我们努力地攀爬。那么，如何面对和攀爬这些人生的台阶？是逃避、退缩，还是坚强地面对？答案当然是想办法去克服，而这就需要我们人生的智慧和勇气，更需要我们的信心和毅力。

有人说："前途是光明的，道路是曲折的。"大海中航行的船，要经受风浪才能抵达它的终点。通往成功的路上定会布满荆棘、坎坷，面对困难与挫折，承受力弱的人或怨天尤人，怪自己时运不济，或悲观失望、惊慌失措，如此，只会失去前进的勇气；而只有那些面对困难与挫折，能保持良好心态、不断前进的人，才能取得成功。

美国总统林肯在竞选参议员落败时曾说："此路艰辛而泥泞，我一只脚滑了一下，另一只脚也因而站不稳；但我缓口气，告诉自己：这不过是滑一跤，并不是死去而爬不起来。"是的，困难、挫折并不可怕，可怕的是在困难和挫折面前低头、沮丧、悲观失望，甚至一蹶不振。只要我们勇敢攀爬那些台阶，迎接挑战，成功之花一定会绽放得更加美丽。

第五章

顺应天性好成才

人的内心里有一种根深蒂固的需要——总想感到自己是发现者、研究者、探寻者。在儿童的精神世界中，这种需求特别强烈。但如果不向这种需求提供养料，即不积极接触事实和现象，缺乏认识的乐趣，这种需求就会逐渐消失，求知兴趣也与之一道熄灭。

——苏霍姆林斯基

1 让人头疼的“淘气包”

——俄罗斯总统弗拉基米尔·普京的故事

成长故事

1952年，普京出生在俄罗斯圣彼得堡市一个简陋的机车厂家属院内，他的父亲是一位普通的技师，母亲是一名杂工，家里的生活条件很是一般。家属院里没有热水和洗澡间，平时大家共用一个很小的厨房。小普京童年的一大乐趣便是和邻居的小伙伴用棍子追赶大院里四处出没的老鼠。

由于母亲生下小普京时已经41岁，所以对他格外地疼爱，生怕他出现什么闪失，甚至不让他出大院门。不过，小普京却不愿受此约束，他喜欢“闯荡江湖”。在上学前，他整天和小伙伴们在街道上玩耍、打架，一次次打架的经历，竟然使小普京悟出了做人的“真谛”：要想成为胜者，必须在每一次对打中咬牙坚持到底。这也使得小普京养成了好勇斗狠的性格。

要想成为胜者就要坚持到底

上学后，小普京的好斗性格也为自己惹了不少麻烦：他曾多次因违反纪律而激怒老师，因为打架被请家长。他不喜欢上学，更不遵守各项校规。因为淘气，他的学习成绩平平，算术、自然勉强及格，绘画不及格，只有历史和体育是他的优势科目。他是学校有名的“淘气包”，直到六年级时，邻居和老师对他忍无可忍，列举了他无数的“罪状”后，他才仿佛一下子长大，变得规矩了，也懂事了。从此，他不断地成长、进步、成熟。52 岁时，他正式成为俄罗斯的总统。

成长启迪

有人说：从某种意义上来讲，“童年”与“淘气”是自然连在一起的，淘气是天真、幼稚的表现，有其积极的意义。淘气说明孩子有活动能量，精力旺盛；淘气说明孩子心智活跃，心态宽松；淘气说明孩子有着探索周围世界的积极性。孩子的许多淘气行为都是出于好奇，是一种探究、解惑行为。

俗话说：“淘丫头出巧，淘小子出好。”没有一个孩子不淘气，只是程度不同而已。那些看似不听话的举动常惹恼父母，但这往往是孩子聪明、富于想象力和创造力的表现。顽皮是孩子的天性，是任何一个孩子生理、心理发展到一定程度出现的必然现象。顽皮的孩子往往比较聪明，有个人主见，意志比较坚强，只要善于引导，他们更有可能成为创造性人才。

2 敢于站出来说话的孩子

——俄罗斯第一任总统叶利钦的故事

成长故事

1931 年，一个男孩出生在俄罗斯联邦斯维尔德洛夫斯克州达里茨基区布特卡村的一户贫困的农民家庭，他们一家6口人全部挤在一间破旧的小屋子里，家里最值钱的莫过于农庄里分的一头奶牛，此外，他们就再也没有什么可称为财产的东西了。

敢于站出来说话的孩子

男孩上学后，学习非常刻苦，学习成绩很好，他也深受同学们的喜欢和拥护，在同学中享有很高的威信。但是，他的老师却由于他的“多事”和“满腹的鬼点子”而不喜欢他，因为他常常向老师对自己或班里的其他同学的不公正的行为大胆地提出抗议，他义正词严，话说得中情中理，因此常让老师无言以对，十分尴尬。一些老师也因此把他当成一个坏学生，甚至好几次向学校提议，希望能开除这个男孩。

毕业考试结束了，男孩各门功课的考试成绩都非常优异，他对自己能够圆满顺利地毕业充满了信心。在热烈而隆重的毕业典礼上，学生们纷纷走到台上，他们恭恭敬敬地从老师手里领取到自己的毕业证书。当男孩走到台上的时候，他请求主持典礼的老师让他说几句话。主持典礼的老师由于好奇，破例允许了他要发言的请求，台下的同学们也都报以热烈的掌声来欢迎他。男孩首先表达了自己对那些平时在生活和学习上关心和帮助过自己的老师的感激之情；接着，他竟毫不避讳地指出了班主任老师在工作中的缺点和失误，尖锐地指出老师在教育方式上的不当之处。他的话使当时端坐在台上的班主任老师又气又急，他感觉异常尴尬，也异常恼火。

为此，学校没有给男孩发毕业证书，只发给他一张肄业证书。男孩对学校这样的做法非常不服气，他认为自己考试成绩优异，有资格拿到毕业证书，学校不发给他毕业证书是一种极其无理的行为，这样的行为是对他的权利的一种侵犯。于是，男孩为了维护自己的正当权利，在学校以及政府主管教育的部门间来回奔走，大声疾呼。在男孩的不懈努力下，上级主管教育的机构特意做了深入调查，了解了事实的真相，最终，那位班主任老师受到了处理。男孩以自己无畏、勇敢的精神而最终争取到了那张本应属于自己的毕业证书。

这个男孩就是后来成为俄罗斯第一任总统的叶利钦。叶利钦不因贫寒而轻视自己，他不怯懦、不自卑，为了大家的利益，在该说话的时候，大胆地站出来说话，勇敢、执着地去争取公平和公正。这种敢于说话的处世风格，使他在人生的道路上取得了引人注目的成功和辉煌。

成长启迪

在人生的道路上，我们总会遇到这样或那样的困难，在每一次的交锋与挑战中，有人选择了勇敢地走过去，有人选择了就此放弃，有人选择了另辟蹊径，也有人选择了从此萎靡不振。当挫折与打击迎面而来的时候，人的本能的第一反应就是放弃，但是此时如果能够坚强起来，冷静之后选择重新站立，重新面对，那么就能勇敢地走过去，反之则会就此倒下，永远放弃。

很多时候，人生就需要勇气，需要一种积极的生活态度。只有具备了无畏的勇气，才会从自我的小天地里解脱出来，才会更广泛自如地与人交流，才会听到不同的声音、共鸣或批评。正如歌德所说："卑怯的人叹息、沉吟，而勇者却向着光明抬起他们纯洁的眼睛。"

人生每走一步都需要有勇气来支撑，我们要永远记住——“努力不一定成功，放弃却一定失败！”

3 好奇为自己开启了一扇成功的大门

——诺贝尔医学奖获得者约翰·詹姆士·麦克劳德的故事

成长故事

19世纪70年代，英国有一个调皮的小男孩，他的好奇心特别强，经常做一些让人意想不到的事情。一天，还在读小学的他忽发奇想，要亲眼看看狗的内脏是什么样的，于是他便邀了几个同学偷偷套住一只狗，宰掉，将其内脏一一剥离出来，仔细地进行观察。学校的校长得知这件事后十分恼火，因为那是他养的宠物狗。

校长把几个孩子找来，但他并没有对孩子们发火，而是仔细地询问事情发生的原因，当他了解到是那个调皮的小男孩的主意时，他对其进行了出人意料的“惩罚”，他罚小男孩画一幅人体骨骼图和一幅血液循环图。这是一种理智而又巧妙的处罚方法，因为深知育人之道的校长从“杀狗事件”中看到了小男孩对解剖学的浓厚兴趣。

小男孩也深知自己闯了祸，决心认真地改正错误，因此他画得非常仔细。他将精心完成的两幅图交给了校长，大度的校长还为此赞扬了他。此后，小男孩没有辜负校长的一片苦心，在好奇心的驱使下，他认真地学习，执着地追求，长大后成为一位著名的解剖学家，他与班廷医生一起研究发现了当时被认为无药可医的治疗糖尿病的胰岛素，并因此获得了1923年的诺贝尔生理学与医学奖。这个小男孩就是约翰·詹姆士·麦克劳德。

狗的内脏是什么样的呢

校长独具匠心的处罚不但让麦克劳德意识到了自己所犯的错误，保护了他的好奇心，而且还给了他一个学习生理知识的机会。

倘若校长在麦克劳德杀狗后大发雷霆，打压他的好奇心，禁止他再接触与此有关的事情，那么恐怕麦克劳德便没有了成为解剖学家的机会。校长正确的引导，为麦克劳德铺就了走向成功的第一级台阶。也正是因为强烈的好奇心驱使，麦克劳德为自己开启了一扇成功的大门。

成长启迪

一个小男孩非常喜欢观察各种虫子，他经常偷偷地把各种各样的虫子拿到自己的屋子里，但每次被爸爸妈妈发现，他都要被骂一顿。一次，他看到一条虫子把蜗牛吃了，他觉得很奇怪，便把这条虫子放进一个瓶子里带回家，并兴奋地告诉爸爸他发现了一种能吃掉蜗牛的虫子。爸爸见他又把虫子拿回家里来，便夺过他手里的瓶子，扔到屋外，并警告他，再发现他玩虫子，把虫子拿回家，就狠狠地揍他。从此，小男孩不敢再玩虫子了。一位老师知道了这件事，很惋惜地说："小男孩的爸爸很可能让一个未来的昆虫学家就此消失了。"

从天性来说，孩子生来就是探索者，他们有着强烈的探究和学习欲望，好奇心驱使他一次又一次地尝试，不怕困难、不怕失败，直到了解、掌握为止。正像孩子学走路，绝不因畏惧摔跤而放弃。从这一点来看，孩子比很多成年人面对困难时的态度要强得多。孩子往往喜欢自己动手做事，在做的过程中寻找答案，并把新的信息储藏在大脑中。这些信息储存得越多，孩子将来的智力水平就会越高，学习新的技能就会越快。家长如果没有充分利用孩子喜欢探索的特点，对孩子的好奇限制过多，那就是压制孩子的天性，使孩子丧失学习、生活的兴趣，并且阻碍孩子的健康成长。

孩子的好奇心是值得父母珍惜的。当孩子对新奇的事物提出问题时，我们要认真地倾听，并加以引导，尽可能地让他们自己寻找答案。当孩子对某种事物表现出好奇心，想进行探索时，我们要给予大力的支持。因为好奇心是孩子敢于探索新知、敢于创新的动力。创造精神就像是一双巨大的翅膀，能带着孩子在知识的天空里展翅高飞。好奇心能够激发孩子的学习欲望和热情。保护孩子的好奇心，就是保护孩子的发展和未来。

4 天才由兴趣而来

——火箭之父韦纳·冯·布劳恩的成长故事

成长故事

1925年，德国一个叫维尔西茨的小镇上，有个调皮的小男孩，他总梦想让自己飞出去。一天他站在滑板上，然后将6支特大的爆竹绑在一个滑板上点燃，只见滑板“嗖”的一声窜了出去，在一声爆炸声中化为灰烬。而那小男孩也被重重地摔在了地上。人们被这个孩子的行为惊得目瞪口呆，一些人甚至连连摇头说“这孩子疯了”。警察也担心孩子出现什么问题，赶紧将他送到了妈妈那里。孩子惹了祸，但小男孩妈妈没有像其他妈妈那样骂孩子。几天后，妈妈还将一件礼物送给了小男孩，那是一架男孩渴望已久的天文望远镜。妈妈告诉小男孩："拿着它好好去观察太空吧，让你的火箭早日飞上太空。"

调皮的小男孩

四十多年后，当年的小男孩实现了妈妈的祝福，他就是被人誉为"火箭之父"的韦纳·冯·布劳恩。1969 年，他领导研制的"土星号"巨型火箭，将第一艘载人飞船"阿波罗 11 号"送上了月球。

成长启迪

天才起源于兴趣。任何人，只要他对所从事的某项活动有很大的兴趣，他就能积极地、创造性地完成这项活动。相反，如果一个人对于从事的某项活动根本不感兴趣，不要说创造性的工作，即使是一般性地完成任务也是很困难的。

爱因斯坦曾被人们誉为天才，可他却说："这个世界，没有天才，只有兴趣！孩子的兴趣在哪里，他的优势和天赋就在哪里。"日本心理学家木村久一特别强调："千万不要忘记，毅力、勤奋、入迷和忘我的出发点实际上在于兴趣。有了强烈的兴趣，自然会入迷，入了迷自然会勤奋，有毅力，最终达到忘我。"

兴趣作为一个人倾向于认识、研究、获得某种事物并带有情绪色彩的心理特征，对成长中的孩子某一方面的发展有推动、定向和调节的作用。它可以推动孩子充满热情地认识和研究有关事物，从事有关活动，着迷，上瘾，废寝忘食，从而获得极大满足，进而使孩子获得更好的发展。

5 无可救药的笨孩子

——英国科学家霍金的故事

成长故事

英国伦敦有一个行动看似笨拙的男孩，他的学习能力不强，很晚才学会阅读，上学后学习成绩从来没有进过前10名，因为作业总是写得乱糟糟的“很不整洁”，而被老师认为是“无可救药”的孩子，同学们更是把他当成了嘲弄的对象。12岁时，他所在的班级有两个同学用一袋糖果打赌，说这个笨男孩永远不会成才，同学们还给他取了个充满讽刺意味的外号——“爱因斯坦”。

我对物理学方面的研究非常感兴趣

谁知，二十多年后，当年那个毫不出众、被老师轻视、被同学嘲笑的小男孩真的成了物理界一位大师级人物。他就是英国剑桥大学应用数学及理论物理学系教授，当代最重要的广义相对论和宇宙论家，20世纪享有国际盛誉的伟人斯蒂芬·威廉·霍金，他以自己的成就和对人类的巨大贡献被尊称为“宇宙之王”。

为什么小时候并不聪明的霍金，长大后却获得了这样出色的成绩呢？

原来，随着年龄的增长，小霍金开始对万事万物如何运行产生了兴趣，他喜欢对事物追根问底，经常把东西拆散，然后再重新组装，但他却经常事与愿违地组装失败。然而，即使面对他这种“搞破坏”的行径，父母也并没有责罚他，相反，父亲为了继续培养他在这方面的兴趣，竟然亲自充当他的数学和物理老师。十三四岁时，霍金发现自己对物理学方面的知识非常着迷，他不像其他人一样认为中学物理太容易、太浅显，内容枯燥，而是将其视为一种最基础的科学，一种能够帮助人们解决“从何处来”和“为何在这里”的重要学科。

霍金找到了自己前进的目标，开始了真正的科学探索。1978 年，他获得了物理界最有威望的大奖——阿尔伯特·爱因斯坦奖。1988 年，他又获得了沃尔夫物理学奖。他的科普著作《时间简史——从大爆炸到黑洞》，以普通人都能理解的方式为人们讲解了黑洞、宇宙的起源和命运、黑洞和时间旅行等，受到了全世界范围的广泛欢迎。在不到10年的时间里，该书发行量已超过2500万册，并且被译成几十种语言，创下了畅销书的世界纪录。

成长启迪

不要太在意别人对自己“不行”的评价。大画家凡·高，终其一生，追求着没有人理解、认可的印象派，可是他的画却价值连城。伽利瓦，一个年轻的天才数学家，创造了抽象数学分支，可终其一生，没有人理解、认可。孔子，创立了自己认为至理的儒学，倡导王道与仁术，可当时没有一位君王采纳他的学说。尽管如此，他们仍不失为影响历史的伟大人物。

过于在乎别人的看法，是一种自卑的表现。自卑者总是一味地鄙弃自己，总觉得自己这也不行那也不行，什么都比不上别人。这种思想一旦盘踞心头，愁闷、懊恼、焦虑便会纷至沓来，无论对待工作，还是看待人生，都意气消沉、万念俱灰。如此只会失去斗争拼搏、锐意进取的勇气。

霍金，一个坐在轮椅上，只有一个手指能动的人，却取得了如此辉煌的成绩。这应该归功于他自强不息的精神。他说："我的手指还能活动，我的大脑还能思维；我有终生追求的理想，我有爱和爱我的亲人、朋友；对了，我还有一颗感恩的心。"他说："生活是不公平的，不管你的境遇如何，你只能全力以赴。"

霍金不仅以他的成就征服了科学界，也以他顽强搏斗的精神征服了世界。

其实，有时候我们在意的不是别人，而是自己的内心。事实上，只要我们肯定自己，只要我们努力进取，相信我们收获的就是赞许的眼光。

6 土拨鼠无罪

——美国政治家、演说家丹尼尔·韦伯斯特的故事

成长故事

小男孩丹尼尔的家在美国新罕布什尔的一个农场，夏天到了，一家人在小山脚下开垦了一块菜园，菜长出来不久，家人就发现有一只土拨鼠经常来偷吃菜。经过侦查，丹尼尔和他的哥哥伊齐基尔在山脚下找到了土拨鼠刨的洞穴。原来就是这只土拨鼠，每到深夜来菜园偷吃菜的。

兄弟两人决定一定要捉住这只"偷菜贼"。然而，土拨鼠生性狡猾，小哥儿俩想了很多办法，费尽周折，才捉住了它。但是，该怎样处置这只土拨鼠呢？他们两人有着不同的看法。

哥哥伊齐基尔认为，它干了许多坏事，应该将它处死。丹尼尔却反对哥哥的意见，他认为不应伤害它，最好的办法是将它送到远离自家菜园的森林里去。

为此他们争执不下，于是他们拎着装土拨鼠的笼子去找父亲，让父亲替他们做最后的裁决。

父亲听了并没有表态，而是想出一个很好的办法：他和小哥俩一起设立一个模拟法庭，父亲充当法官，土拨鼠就是囚犯，小哥俩儿做不同方的律师，一个指控土拨鼠，一个为它辩护，然后再根据哥俩的辩论情况做出判决。小哥俩愉快地接受了父亲的提议。

好可怜的土拨鼠

作为起诉人的哥哥伊齐基尔首先发言。他列举了土拨鼠的种种劣行，给自家所带来的损失，并指出土拨鼠的本性是不可改变的。此外，为了捉住土拨鼠，大家耗费了大量的时间和精力。他强调绝对不能放了土拨鼠，否则就是纵容它再次犯罪，其结果会使它变本加厉，做出更多的坏事来。他建议要处死土拨鼠，卖掉它的皮，用来补偿它偷吃菜所造成的经济损失。

哥哥伊齐基尔的发言有理有据，句句切中要害，“法官”听了频频点头，认为他说得有理。

这时，作为辩护律师的丹尼尔，为了挽救土拨鼠的生命，也开始了当庭辩护。他认为：土拨鼠和我们一样，共同生活在这个地球上，它也有享受阳光和空气的权利，它也有行走在田野和森林里的自由。他说：“我们人类拥有各种各样的食物，甚至可以将飞禽走兽当成盘中餐，难道我们就不能拿出一点儿食物与这只同我们一样有生存权的可怜动物分享吗？”

丹尼尔接着说：“土拨鼠和那些凶残的动物不同，它并没有伤害人类，只不过是吃一些蔬菜，而这是它维持生命所必需的。为了生存，它仅仅需要一个洞穴和一点点食物而已。我们凭什么说它不能拥有这些呢？看看它恳求的目光和因为害怕而颤抖的身子吧，它不会说话，无法替自己辩护，只能用这样的方式为自己宝贵的生命求得继续存在的机会。我们还忍心处死它吗？我们还要为弥补那么一点点经济损失而剥夺一个和我们同样生活在地球上的生命吗？”

“太好了！”“法官”父亲听后，忍不住流出泪来。“伊齐基尔，放了土拨鼠吧！这是我的判决！”父亲抱住了丹尼尔，“儿子，我为你感到自豪，相信总有一天你会名扬天下的。”

这个为土拨鼠辩护的律师便是19世纪早期美国最有名望的政治家与演说家丹尼尔·韦伯斯特，他凭借卓越的口才和能力受到了美国总统杰弗逊的赏识，1841年，他出任美国国务卿。

成长启迪

“爱心”是人类教育的一个永恒的主题。从古人的“爱人者人恒爱之”到现在的“只有善行才会为你带来声誉”可以看出，从古至今，有一颗善良友爱的心一直是人们所推崇的。对父母的孝心，对他人的关心，对弱者的同情心，对社会的责任心，是爱心的基本内容。一个从小就懂得关心父母、爱护他人的孩子，也一定会是一个珍爱生命、热爱生活的人，长大后也能关心和爱护周围的一切。

对弱者献出一分爱心，对弱者多一点同情心，对别人的失误付出一点宽容心，这样的人才是品德高尚的人。一个有爱心的人，他也能与更多的人合作，获得更多的机会，取得更大的成功。拥有一颗爱心是做人做事的基本准则，一个对别人有爱心，对生命有怜悯心的人，是一个值得尊敬的人，他将更会对社会对他人有所贡献。

奉献一点爱心，对我们来说轻而易举，微不足道，而对于那些需要帮助和同情的人来说，那是温暖人心的雪中炭。正如歌词写的："只要人人都献出一点爱，世界将会变成美好人间。"

7 永不停下探索的脚步

——英国科学家焦耳的故事

成长故事

英国著名科学家焦耳从小就对物理学非常感兴趣，他喜欢自己动手做一些关于电、热之类的实验。

动物受到电击会有什么反应呢

有一次，焦耳和哥哥到野外去做实验时，天空忽然浓云密布，电闪雷鸣，下起雨来。焦耳发现，每次闪电过后好一会儿才能听见轰隆的雷声，这是怎么回事？焦耳顶着大雨，爬上一个山头，认真地记录下每次闪电到雷鸣之间相隔的时间。第二天上学，焦耳急忙把自己的记录和心底的疑问一并告诉了老师，请老师为他指点迷津。老师耐心地为他讲解："光和声的传播速度是不一样的，光速快而声速慢，所以人们总是先看见闪电再听到雷声，而实际上闪电雷鸣是同时发生的。"

还有一次，焦耳和哥哥一起到郊外旅游。他突然想做一个电击动物的实验，以此来看看动物受到电击后是什么反应。他找了一匹瘸腿的马，由哥哥牵着，自己悄悄躲在后面，他将电流通到马身上。结果，马受到电击后狂跳起来，差一点儿把哥哥踢伤。虽然出现了危险，但他们并没有害怕，小焦耳的情绪一直被强烈的求知欲所左右着。

小焦耳对学习科学知识和进行科学实验的热情几近痴迷，他在进军科学的道路上孜孜以求，终于成为一名出色的科学家。

成长启迪

有一句广告词说得好："世间自有公道，付出总有回报。"这句广告词道出了探索的真谛，道出了探索者的心声。是的，古往今来，许多成功人士的创业足迹，无不印证着一个朴素的道理：有拼搏就有胜利，有探索就有成功。无数成功人士都是从探索中获得成功的，他们不畏艰险，不怕辛苦，怀着一颗探索的心，朝着自己既定的目标不断走向成功。

文学家冰心曾经说过："成功的花，人们只惊慕它现时的明艳，然而当初的芽儿，却浸透了奋斗的泪泉，洒遍了牺牲的血雨。"探索的征程并不是一帆风顺的，这需要我们有一颗顽强的心。一个永远处于探索中的人，定会在探索的世界中开拓出一片属于自己的新天地，从而不断地丰富自我，找到学习的乐趣，最终获得成功。

第六章

坚持不懈，努力向前

向着某一天终于要达到的那个终极目标迈步还不够，还要把每一步骤看成目标，使它作为步骤而起作用。

——歌德

1 脑袋里只有一根筋

——世界著名骑师埃迪·阿卡罗的故事

成长故事

埃迪·阿卡罗上小学的时候就又矮又瘦，学习也不好，同学们都瞧不起他，所以他不愿意待在学校，总是逃学去附近的赛马场，因为那里有个驯马师允许他骑马玩。

后来，埃迪·阿卡罗喜欢上了赛马，便央求父亲让他去学赛马。父亲看他在学习上没什么前途，就勉强同意了，但父亲心里很清楚，他成功的可能性非常渺茫。学了一段时间后，那位驯马师告诉他父亲："把孩子送回学校吧，就目前的情况来看，他成不了骑师。"

对赛马的执着

除了阿卡罗自己，没有人对他报以希望。阿卡罗却抱定决心，不但要成为骑师，而且要成为世界上最伟大的骑师。于是，他坚持不懈地努力争取着。终于，他得到了一个参加真正的赛马比赛的机会，这个机会对他来说难能可贵，可是比赛还没结束，他的马鞭和帽子却都掉了，连他自己也差点从马鞍上掉下来，他被其他选手远远地丢到了最后。

因为这次的比赛成绩太糟糕了，此后好长一段时间，阿卡罗都没有再找到参加赛马的机会。当然，阿卡罗也不肯半途而废，他一直顽强地坚持着。他的决心、坚持和固执打动了一位马主，马主在这个不走运的骑师身上看到了一种难以名状的东西。也许是潜力，也许是意志。所以，他坚定不移地支持阿卡罗，给了他宝贵的机会。

埃迪·阿卡罗终于有机会上阵了，但人们只要看他骑 5 分钟的马，就发现他太笨拙了。在他先前参加的近百场比赛中，不是在起点就被落在后面，就是深陷重围无法冲到前面，再就是磕磕绊绊地出事故。因此，他从未有过获胜的机会，但是这些都没有动摇他要成为世界上最伟大的骑师的梦想。

在那惨淡而漫长的岁月里，阿卡罗始终生活困苦，四处漂泊，他几乎没有一个朋友。他多次死里逃生，摔断几根骨头，遭受马蹄的践踏，他那瘦弱的身子接受着一次又一次致命的考验，但每次他都能重整旗鼓回到马鞍上。终于转机在他的不懈追求下出现了，阿卡罗开始一次接一次地取得胜利，失败再不是他的专利，他告别了那些暗淡无光的日子。

埃迪·阿卡罗的梦想终于变成了现实，在其 30 年的赛马生涯中，他共赢得了 4779 场比赛，成为历史上唯一在肯塔基赛马会上五次获胜的骑师。

成长启迪

水滴之所以可以穿石，是因为它总落在同一个地方。脑袋里只有一根筋，是认准一个道理的不妥协，是撞完南墙撞北墙的不认输，是一条道走到黑的不聪明，是认准一个目标不放弃，一直地走下去的坚定信念。

马克·吐温说："只要专注于某项事业，那就一定会做出使自己感到吃惊的成绩来。"了解自己，认识自己，如果我们知道自己该干什么，认准一个目标走下去，心无旁骛，生命就会出现奇迹。

然而，一个人的精力也是有限的，一味贪多，求广，肯定会分散精力，结果往往会一事无成。天底下只有人才，没有全才，所以我们不必要求自己在每个方面都表现很出色。只有认准一个目标，然后集中全部的精力，才可能获得成功。

2 顽强地做着自己的实验

——世界著名发明家爱迪生的故事

成长故事

大发明家爱迪生 8 岁那年才上学。刚刚上学的爱迪生不仅没有表现出特别的才能，反而常常会使老师感到头痛和恼火，因为他经常在课堂上提一些让老师难以回答的问题。

有一次，老师正在课堂上讲数学题，听着听着，爱迪生突然发问："老师，2 + 2 为什么等于 4？"老师觉得爱迪生笨拙而调皮，就反问道："不等于 4，难道等于 5？"爱迪生很想弄明白这其中的原因，忍不住又问老师："2 + 2 为什么不可以等于 5 呢？"老师听后大为恼火，认为他有意捣乱，于是老师厉声训斥道："爱迪生，你再故意捣乱，就给我滚出去！"

回到家后，爱迪生将课堂上发生的事情告诉了妈妈："妈妈，我想要知道加法的道理，可老师却骂我。"妈妈听了儿子的叙述很生气，她领着爱迪生去找老师。老师却告诉她："你的孩子又笨又捣乱，不管我怎么教，他都学不会。我不愿意教这样的孩子，你领回去吧。"

妈妈只好领着爱迪生离开了学校。从此，妈妈承担起教他读书的任务。爱迪生的妈妈是个知书达理的人，她给儿子讲文学、历史，讲许许多多科学知识。妈妈的辛勤教育和引导，使得爱迪生充满了求知的欲望，他一边读书，一边在自家的地窖里建起了一个小实验室。尽管家境贫寒，他没有机会像其他孩子一样接受系统的正规教育，但爱迪生始终不间断学习。

爱迪生 12 岁的时候，在火车上卖报。车长特别批准他在火车上的一节乘客吸烟的专用车厢的一角放他的化学药品和瓶瓶罐罐，每当卖完了报，他就投入到有趣的实验中。有一次，由于不慎，他的"小实验室"着了火，车长很生气，他把爱迪生做实验的东西全都扔了出去，并狠狠地打了爱迪生一记耳光，致使他的一只耳朵从此以后失了聪。

顽强地做自己的实验

可是什么都没能阻挡爱迪生钻研科学的决心，他省吃俭用，新的实验设备又筹备好了，他继续着自己的化学实验。然而，化学实验的危险事故时有发生。一次，硫酸烧毁了他的衣服；另一次，硝酸差一点儿弄瞎了他的眼睛……他没有就此被吓倒，而是顽强地继续忘我地做着实验。

一次，爱迪生在试制电灯时，为了找到一种价钱便宜、使用时间长的灯丝，他一连工作了几十个小时，试验了无数次，累了他就躺在实验台上睡一会儿。不懈的努力终于换来了回报，他终于发现了适合的灯丝，电灯就这样问世了。

之后，爱迪生又陆续发明了电影、留声机等一千多种与人们生活息息相关的东西，成为名副其实的闻名于世的发明大王。

成长启迪

为了追求理想和目标，爱迪生不论遇到多大的困难，都没有后退，他的成功源于顽强不懈的努力，源于坚定不移的信念。

曾经有这么一个小男孩，从小生得呆笨，人们喊他“木头”。有一天他做了一个梦，梦见上帝给他颁发诺贝尔奖，于是他把梦告诉了他母亲。母亲说：“我曾听说，当上帝把一个不可能的梦，放在一个人的心中时，就是真心想帮助他完成的。”他听信了母亲的话，从此努力写作……他就是2002年的诺贝尔文学奖获得者匈牙利作家凯尔泰·伊母雷。

要想成功没有什么捷径可走，天上是不会掉馅饼的。不要只羡慕成功者头顶上的那些光环，而应了解他们在背后付出的艰苦努力。

人一辈子的付出和回报是等价的，只是在时间上有差别罢了，人生也许有太多的不如意，但这都不能成为放弃追梦的借口。追求卓越，挑战极限，在绝望中寻找希望，人生终将获得辉煌。

3 给自己一个能站上去的凳子

——中国著名作家贾平凹的故事

成长故事

一个男孩都快8岁了，10以内的加减法任凭父亲怎么教他都不会，气得父亲把正在玩石头的他拽起来，扔给他一个书包，就让他去上学。

那时候，父母对上学也不是很重视，总想让他有个正经营生的手艺就行了。一次，他蘸着黑墨水，在自己家的围墙上画了一幅风景画：四角的亭子，几棵高树，还有波光粼粼的水。邻居夸他画得好，并说“将来当个画匠吧”。他也因此自以为将来能当个走村串户的画匠，于是开始留意起画匠如何干活。一次，一个画匠给他舅舅家画墙围子，是一幅山水画，还题名为“桂林山水贾天下”，他看出那个“贾”字错了，却没敢讲出来。

小时候的他很淘气，也很好奇。有一次，他和隔壁家的孩子，剪下许多猫猫狗狗的纸样，拿着手电钻进黑屋子里“放电影”。父亲发现了他的这个“长处”，就去公社找放映队的人，看能不能给他找一个放电影的工作，哪怕打打杂也行。后来，名额还真的给了村子里，只不过不是给他的。

初中毕业了，当画匠、放电影的路都没走通，父母看他也没什么特殊才能，就盘算着让他回家种地。就在这时候，他竟然稀里糊涂地考上了县里的高中。父亲想，上学会误了田地的活，再说，村里从来没有谁考上过大学，自己家的祖坟也不会有这根草，父亲就决定不让他上高中了。母亲见他支支吾吾的，心疼他年纪小，就建议父亲，让他去上高中，走一步算一步。

这一步还真的走对了，读完高中，他又考上了一所专科学校。他的就业问题也算有了着落，起码毕业后还可以当个老师，和村子里的同龄人相比，也算不错了。读大二的那年，他突然冒出一个想法来，这个想法改变了他的一生。那时，学校有一份自己的报刊，校刊的副刊每月要出一两期，上面经常会发表一些同学的文章，那些在校刊上发表过文章的同学在他的眼里是那样的神气。他当时就想，有朝一日自己也能在上面发表一篇文章该多好。于是他有了这样一个心愿，那就是在毕业之前，一定要在校报的副刊上发表一篇文章，把自己的名字变成铅字。

于是，他开始疯狂地写东西，写完后，就拿给教写作的老师看，老师觉得还可以的，就投给校报。虽然投了很多稿，但都没有音信，最后惹得老师也不愿给看了，他就埋下头来自己琢磨。他就是不服输，认为自己能行，他拼命地读书，仔细分析报刊上别人的文章。他不忍将凝聚着自己心血的文稿扔掉，就抱着试试看的想法，向学校所在城市的报社投去几篇，意想不到的是报社竟然给发表了。再后来，他的名字相继出现在了省内外的报刊上。受此鼓舞，他在文学创作方面更加勤奋了，他自己也没想到自己居然还有文学创作的才能。

给自己一个能站上去的凳子

这个人就是贾平凹。贾平凹说，这个世界上更多的人，是被别人安排着过完一生的，被安排着学哪门技术，被安排着进哪所学校，被安排着在哪个单位上班……却从来没有真正自己为自己安排一件事情去做。人在这时候，最需要有一个凳子，你站上去，才会发现，你还有许多没有挖掘出来的才能和智慧。而这个凳子，就是突然闯进你心中的一个想法，一个念头。没有这个凳子，你永远也看不到梦想，更别说拥有它。

成长启迪

智慧不是旁人授予的，必须自己去体会和挖掘。天生我才必有用，”上天创造了我们，父母生养了我们，我们生活在天地之间，一定会有用武之地。

一个人自身的潜力只有靠实践才能挖掘，而不是坐等。人一辈子无论怎么样都会很辛苦，要想追求上进，就要付出努力。做得越多，才能收获越多。人生少一点惰性，多一点勤奋，就会多一点智慧。

我们每个人的身上也都存有宝藏，但是由于大多数人只顾羡慕别人，而忘记发现和挖掘自身的宝藏，结果自身的宝藏被时光的灰尘湮没，以至于被压得越来越深，最后被埋没了光彩，终而平庸一生。殊不知，只有找准自己的宝藏，然后再去努力实践，把蒙在宝藏上的灰尘拭去，让它发光，世人才会发现我们独到的美丽和独有的光芒，我们才能打开自身的宝藏。

在这个世界上，每个人都潜藏着独特的天赋。学会挖掘自家的宝藏，发挥自己的特长，才能更好地经营自己的人生。很多时候，人们往往赞不绝口地夸奖别人的优点、长处和已经取得的种种成绩，却忘记了自身也具备着许多优秀的品质。其实，我们自己也可以像别人一样，也可以拥有成功和荣誉。关键是要给自己一个凳子，让自己站上去，看得更远些。

4 崇拜英雄才能成为英雄

——古巴领导人卡斯特罗的故事

成长故事

在古巴马亚里市一个叫比兰的庄园里，降生了一个男孩。男孩的父亲原来是个西班牙军人，到古巴定居后靠种甘蔗和投资发了家，成为当地有名的种植园主。因为家境良好，男孩的童年过得无忧无虑。他是家里的第三个孩子，他和哥哥姐姐感情非常好，所以他总是喜欢跟在他们后面，不愿分开。哥哥姐姐到了上学的年龄，4 岁的他就同他们一起去上学，在学校旁听。可是没想到，小小年纪的他却表现出了超人的天赋。他才思敏捷，记忆力很强，看东西过目不忘。这使得他的成绩一直很好，还因此跳了级。

男孩很淘气，也很贪玩，放学后，他就去河里游泳，也喜欢玩弹弓和弓箭。稍大一些，他又迷上了棒球和篮球。

学会认字后，男孩迷上了读史诗。哥哥常给他讲古希腊和罗马的战争故事，父亲给他讲古巴独立的英雄事迹和自己参加战斗时的故事，他总是听得津津有味。古巴民族独立先驱者何塞·马蒂、拉丁美洲的解放者玻利瓦尔、圣马丁都成了他最崇拜的英雄。就在那时，男孩幼小的心田已经埋下了革命的种子。

男孩虽然出身种植园主家庭，但他对普通农民却有着深切的同情。一次，他在河边玩耍时，看到一个比自己小几岁的农民家的小男孩，就问他为什么不去学校念书，并告诉他“不念书，将来别人会欺骗你、掠夺你”。那个孩子说是因为自己没有衣服和鞋子，所以上不了学。男孩听罢就脱下鞋和衬衫放在石头上，对小男孩说：“这个都给你，如果别人问你，就说是在河边捡的。”这个充满同情心的男孩子，正义感很强，他反对父亲虐待雇农，甚至为此多次跟父亲争吵。13 岁时，他更是事出惊人，他竟然组织自己家的蔗糖工人罢工以反抗父亲，结果他挨了父亲一顿狠狠的鞭子。在学校，他也常为穷学生吃不饱饭而鸣不平。为了争取平等的伙食待遇，他组织学生向学校提出抗议，结果被学校开除了学籍。

充满同情心的男孩

长大后，这个男孩完成了哈瓦那大学法律系的课程，之后他又继续学习，获得了法学博士学位。他领导和发动过反对本国独裁政权的武装起义，并最终推翻了独裁政权。他就是古巴著名的领导人菲德尔·卡斯特罗。

成长启迪

瞿秋白说过："世界上一个没有伟大人物出现的民族是最可怜的生物之群；有了伟大人物却不知崇仰、爱戴的国家是毫无希望的奴隶之邦。"英雄基本上都是出类拔萃的人。英雄本质上都有着伟大人格，是永恒价值的代表者和实践者。英雄就是顶天立地的勇士，无论是面对艰难险阻，还是背负责任道义，他总能以铮铮铁骨傲然屹立于世间。

黑格尔也说：“崇拜是一种精神与精神的交契。”我们不可能每个人都成为英雄，即便如此，我们仍可以用一颗平凡的心向不平凡靠近。真正的崇拜，是自己的精神与崇拜对象的精神相交契，是一种精神上的寄托，是一种追效模范的心灵碰撞。

当然，崇拜英雄不是崇拜武力、崇拜权力、崇拜金钱。崇拜英雄需要理智与平和，它不需要我们狂热的追捧。我们只能用理性的思维去看待英雄，汲取英雄身上的人格魅力，树立我们自己的人生目标，丰富我们自己的人生内容。

5 不懈追求自己的梦想

——阿根廷超级球星马拉多纳的故事

成长故事

迭戈·阿尔曼多·马拉多纳是世界足球史上最优秀的球员之一，年轻时被称为“小贝利”。

马拉多纳出生于阿根廷布宜诺斯艾利斯的费奥里托镇，家中兄妹 8 人，排行老五的他是家里的长子。他的父亲没有正式职业，仅靠打短工来维持一家 10 口人的生计，生活之艰难可以想象。

在小马拉多纳过周岁生日时，他的表兄曾送给他一个小橡皮球。这小橡皮球是他最心爱的东西，在他身边足足陪伴了他十个春秋。由于母亲整日忙于家务，照管比他小的三个孩子，所以根本无暇顾及他。马拉多纳也很乖巧，为了不给妈妈添麻烦，他常常自己玩，对着墙壁踢他的小皮球，就连晚上睡觉，他也要抱着这个心爱的小皮球才能安然入眠。

小马拉多纳非常喜欢足球，9 岁的时候，他组织成立了一支“金星”足球队，这支由小马拉多纳挂帅的金星队很快就远近闻名了，在与周围球队的比赛中，他们创造了 3 年一场不败的佳绩，这成了镇子里居民的骄傲。

我的足球梦想

然而，之后的一次球赛，他们意外地输了。尽管输了，但因为金星队的出色表现，他们被并入青年阿根廷人队，除了小马拉多纳以外，整个队的人都被吸收过去；因为教练觉得他年龄小，身材又矮小，便将他排除在外。为此，小马拉多纳气得一整天闭门不出，躺在床上痛哭流涕，不吃不喝。后经过他人讲情和教练看他现场表演后，才决定接纳了他。

进入青年阿根廷人队的马拉多纳如鱼得水，他像天使一样聪明伶俐，他雄心勃勃，时时处处以贝利为楷模，立志要成为一名优秀的足球队员。他通过电视追踪球王贝利在世界杯赛中的英姿，还自制了 10 号球衣。

因为马拉多纳的出色表现，他所在的青年阿根廷人俱乐部的“小洋葱”少年队曾连续保持了 140 场不败的纪录，有一次竟以 20 ： 1 大胜普拉特河俱乐部少年队。从这个时候起，人们就拿他和贝利相比较。16 岁时，他就被选入国家队，人们开始称他为“神童”。

20 世纪 80 年代，马拉多纳威震世界足坛，1980、1981 和 1986 年 3 次被评为美洲最佳队员，1986 年，他为阿根廷夺得世界杯冠军，并被评为“世界杯最佳队员”。

成长启迪

有梦想，就有希望。每个人都应有自己的梦想，有些人的梦想只是梦想而已，有些人则努力让自己的梦想成为现实。要想把梦想变成现实，就要从现在开始为实现梦想而努力。只要坚持不懈地努力，梦想就有可能实现。

当然，为了实现梦想，要创造足够多的条件；为了实现梦想，我们还要耐心等待机会的到来；为了实现梦想，我们要不断克服困难和挫折，不要被困境吓倒，要用自己的青春热血和百倍信心去努力奋斗。

6 看鸽子飞翔练眼力

——中国京剧大师梅兰芳的故事

成长故事

中国京剧大师梅兰芳幼年时长着圆圆的小脸，水汪汪的炯炯有神的眼睛，只是眼皮有些下垂，眼珠转动不太灵活。梅兰芳自幼性格腼腆，见生人不会说话。七八岁时，梅兰芳开始学戏，但老是唱不好，不是忘了词儿，就是唱错了腔。当时他的一位老师对他的评语是：“言不出众，貌不惊人。祖师爷没给你这碗饭吃！”一气之下，老师便再也不教他了。

老师的离开令梅兰芳大受打击。为了练好自己的眼力，梅兰芳想出了一个好办法。他每天把家里养的鸽子放出去，当鸽子在天空飞翔时，梅兰芳就用一端拴了红绸子的长竹竿，指挥鸽子起飞，用系着绿色绸子的竹竿来指挥鸽子下降。鸽子有一种有趣的习惯，就是喜欢相互串飞。如果自家的鸽子训练得不熟练，就很可能被别人家的鸽子拐走。因此，梅兰芳要想指挥好鸽群就需手举高竿，不断摇动，给鸽子发出信号，同时还要仰着头，注视着高空，极力从鸽群中分辨出里面有没有混入别家的鸽子。

看鸽子飞翔练眼力

日复一日地练下来，梅兰芳的眼皮不下垂了，眼睛也有了神采，注意力也更加容易集中了。后来，梅兰芳勤学苦练基本功，在继承和发扬传统京戏的基础上，自创了别具艺术特色的梅派，成为我国一代京剧宗师，名列四大名旦之首。

成长启迪

梅兰芳的成功告诉我们，没有一个人可以随便成功。在追求成功的过程中，遇到失败和挫折在所难免。所以，正确对待失败和挫折是一个成功者所必需的。

遭遇挫折总会让人感到失望、伤心、落寞，有时甚至让人低下曾经高昂的头。

但如果我们一味地抱怨，最终只会被抱怨埋葬。最黑暗的时刻过后就是黎明，这始终是真理。成为勇敢面对挫折、勇敢坚持自己的理想、勇敢坚持努力奋斗的人，成功的曙光就会照射到我们的身上。

有一位著名的企业家说：“如果我能够成功，那么80%的创业者都能够成功。”是的，成功与否，就看我们能否坚持。当我们怀着一种必胜的心态，我们会发现：成功其实就在不远的地方等着我们，成功就在我们坚持一下的努力中。人生就像一场障碍赛，最大的成功者往往是那些跨越最多障碍、经受最多摔伤的人。

7 时刻准备抓住机遇

——美国著名演说家莱斯·布朗的故事

成长故事

莱斯·布朗出生在美国迈阿密附近的一个贫困家庭里，小时候的他极其好动，曾因病说话不清，被父亲送到一个专门为学习有障碍的学生开设的特教班去学习，高中毕业后，他成为一名环卫工人。其实，莱斯·布朗的心里一直珍藏着一个梦想，那就是成为一名电台音乐节目主持人，因为他太喜欢音乐了。

为了实现自己的梦想，莱斯·布朗每天晚上都要捧着一台旧收音机，在自己的房间倾听本地电台的音乐节目主持人谈论音乐，这已成为他每天的必修课。在他那间狭小的房间里，他将一把梳子握在手中当麦克风，然后向他的假想听众用音乐行话介绍各类音乐唱片，他像念经一般不断地练习着。

这些举动引起了他的母亲与兄弟的强烈不满，因为室内的隔音效果很差，他们每天都要忍受莱斯·布朗那神经质式的喋喋不休，于是他们对他大吼大叫，让他闭上嘴巴去睡觉。可是，莱斯·布朗却完全沉醉在自己的世界里，像是什么都没有听见一样，做音乐节目主持人的梦想始终支撑着他，让他不间断地进行着自我练习。

一天，莱斯·布朗在利用工作间隙的休息时间来到了本地电台的台长办公室，他勇敢地向台长提出要成为一名流行音乐节目主持人的想法。台长见到眼前的这位头戴草帽、衣衫不整的年轻人，当即拒绝了他。可莱斯·布朗没有放弃，在接下来的一周里，他每天都去电台，请求为他提供一份工作。最后，台长终于答应让他做了名跑腿的伙计。

机遇只会青睐时刻准备着的人

莱斯·布朗很珍惜这个机会，他处处留心，暗自观察主持人如何在控制面板上操作，他就像海绵一样贪婪地吸收着一切他认为有价值的知识。尽管工作了一整天，可他每天都是在别人的再三催促下才依依不舍地离开工作室。晚上回到家，他也不肯放松，他会把白天看到的一切反复地进行练习，直到记牢为止。他做好了充分的准备，只等着机会的到来。

机会终于来了。一天下午，一个主持人因喝得酩酊大醉，语无伦次而无法主持节目，节目播出时间却已经到了，其他主持人都不能替换他，这个长达4小时的节目没有了着落。莱斯·布朗借机向台长请求由他来主持节目，无奈之下台长给了莱斯·布朗这个机会。莱斯·布朗兴奋地冲进直播室，激动而自信地说："各位听众，大家好！我是莱斯·布朗，您忠实的音乐使者，我年轻而富有朝气，喜欢和大家一起倾听音乐，品味生活，我保证带给你们一档丰富多彩的节目，让你们开心、满意。听着宝贝，我就是你们最喜爱的人！"然后，他开始有条不紊地进行着下一步，为听众介绍各种唱片。

莱斯·布朗先前的努力没有白费，这次节目大获成功，他赢得了听众们的赞扬，也赢得了台长的心。从此，莱斯·布朗真正开始了在广播、政治、演讲和电视等方面的成功职业生涯。

成长启迪

机会只会青睐有准备的人，正是有了精心的准备，莱斯·布朗才能如此从容地获得成功。

其实，莱斯·布朗是不幸的，他小时候说话不清楚，没有受到好的教育，他只是一名环卫工人，但他同时也是幸运的，他在苦苦的等待中准备着，能勇敢地抓住机会，得到自己梦寐以求的工作。他的成功有这样几个因素：一是他有自己的梦想，并且一直在为实现这个梦想而努力着；二是他有耐心等待机会的到来，尽管被人拒绝了也没有放弃；三是他有勇气，当机会到来时，他勇敢、坚定、自信地走向了成功。

人生励志大师卡耐基说过："机遇对每个人都是平等的，而成功只给有准备的人。"机会对每个人都是公平的。愚者错失机会，智者善抓机会，成功者创造机会。机会只给准备好的人，但"准备"二字并非说说而已。要相信自己的能力，相信自己会成功，对于暂时的尚未成功，不能迷茫，不能退缩，只有不断地学习、积累，不断地探索、研究，不断地增加自己的见识、磨炼自己的能力，我们才能抓住机遇，才能奏响成功的乐章。

第七章

脚下有路，好运靠自己

人的一生，难免有浮沉。不会永远如旭日东升，也不会永远痛苦潦倒。反复地一浮一沉，对于一个人来说，正是磨炼。因此，浮在上面的，不必骄傲；沉在底下的，更用不着悲观。我们必须以率直、谦虚的态度，乐观进取、向前迈进。

——松下幸之助

1 竭尽全力才能成就奇迹

——连续13年蝉联世界首富的比尔·盖茨的故事

成长故事

在美国西雅图，有一个聪明的男孩在德高望重的戴尔·泰勒牧师那里学习。有一天，戴尔·泰勒牧师向全班同学郑重其事地承诺：谁要是能背出《圣经·马太福音》中的第五章到第七章的全部内容，就可以被邀请去西雅图的“太空针”高塔餐厅免费参加聚会。那里是许多孩子做梦都想去的地方，所以孩子们都跃跃欲试。但是，《圣经·马太福音》第五章到第七章有几万字，而且不押韵，要背诵全文难度相当大。

我是竭尽全力了

几天后，有几个孩子开始背诵戴尔·泰勒牧师布置的内容了，可是他们只试了试开头就开始退缩，唯有一个11岁的男孩胸有成竹地坐在泰勒牧师面前，从头到尾，一字不漏地把原文背诵了下来，不但没有出现一点儿差错，而且到最后竟成了声情并茂的朗诵。

泰勒牧师简直不敢相信自己的耳朵，因为他知道，即使是信徒们要真正地把圣经全文背诵下来也是少有的，更何况是一个孩子。牧师为孩子有如此惊人的记忆力而赞叹，但他又不禁好奇地问："孩子，你是如何背下这么长的文字的呢？"这个男孩不假思索地回答道："我是竭尽全力了。"

这个孩子就是今天闻名世界的比尔·盖茨。正是因为这种"竭尽全力"的作风，他成功创建了微软帝国，并且连续13年蝉联世界首富。

成长启迪

"竭尽全力"使得比尔·盖茨创造了奇迹。其实，在我们的学习和生活中，许多事情只要我们竭尽全力去做，就会取得令人意想不到的成功。

有这样一个寓言故事：一个下雪的冬天，猎人带着猎狗去打猎。猎人一枪击中了一只兔子的后腿，受伤的兔子拼命地逃生，猎狗在其后穷追不舍。可是追了一阵子，兔子跑得越来越远了。猎狗知道实在是追不上了，只好悻悻地回到猎人身边。猎人气急败坏地说："你真没用，连一只受伤的兔子都追不到！"猎狗听了很不服气地辩解道："我已经尽力而为了呀！"再说，兔子带着枪伤成功地逃生回了家，其他的兔子都围过来惊讶地问它："那只猎狗很凶呀，你又受了伤，是怎么甩掉它的呢？"兔子说："它是尽力而为，我是竭尽全力呀！它没追上我，最多挨一顿骂，而我若不竭尽全力地跑，可就没命了呀！"

我们每个人自身都有很大的潜能，可是有许多潜能从来都没有发掘出来。有心理学家指出：一般人的潜能只开发了2%～8%，像爱因斯坦那样伟大的科学家，也仅开发了12%左右。一个人如果开发了50%的潜能，就可以背诵400本教科书，可以学完十几所大学的课程，还可以掌握二十来种不同国家的语言。这就是说，我们还有 90% 的潜能处于沉睡状态。谁要想出类拔萃、创造奇迹，仅仅做到尽力而为还远远不够，必须竭尽全力才行。竭尽全力就是我们有 100% 的能力绝不用 99%，就是把所有的心思都用到一件事上，就是拼搏、拼搏、再拼搏。

在人生的舞台上，我们绝大多数的人都可能只成为平凡的人，但是我们一样需要竭尽全力去完成人生的使命。成功的人不一定是强者，失败的人不一定是懦夫，只有竭尽全力了，交给人生的答卷才是一份最好最完美的答卷。

2 成功需要八倍的辛劳

——美国前国务卿赖斯的故事

成长故事

美国前国务卿赖斯 10 岁时全家到华盛顿游览，却因为黑人的身份不能进入白宫参观。倍感羞辱的小赖斯，咬紧牙关凝神远望白宫良久，然后回身一字一顿地告诉父亲：“总有一天，我会成为那房子的主人！”赖斯的父母很赞赏她的志向，就经常向她灌输这样的思想：改善黑人状况的最好办法就是取得非凡的成就。如果你拿出双倍的劲头往前冲，或许能赶上白人的一半；如果你愿意付出四倍的辛劳，就得以跟白人并驾齐驱；如果你愿意付出八倍的辛劳，就一定能赶在白人前头。

为了能“赶在白人前头”，小赖斯发愤学习，不断地积累知识，增长才干。除母语外，她又熟练掌握了三门外语，考入著名的丹佛大学，并拿到了博士学位；26 岁时，她就成为斯坦福大学最年轻的女教授，随后又出任斯坦福大学历史上最年轻的教务长。她除了有渊博的学识外，还多才多艺，她学习了网球、花样滑冰、芭蕾舞和礼仪，她的钢琴弹得也很棒，曾获得美国青少年钢琴大赛的第一名。为了使自己更出色，她要求自己凡是白人能做到的她一定要做到，就是白人做不到的她也要做到。“天道酬勤”，她终于成功地脱颖而出。她兑现了自己儿时的诺言，成为美国历史上第一位黑人女国务卿，她可以堂堂正正地走入白宫。

我一定会成为白宫的主人

赖斯用了 20 年的时间，从一个备受歧视的黑人女孩变成美国著名的外交官员，奇迹般地完成了从丑小鸭到白天鹅的嬗变。有人问她成功的秘诀，赖斯简明扼要地说：“因为我付出了‘八倍的辛劳’。”

成长启迪

渴望成功就要付出“八倍的辛劳”，普普通通的一般的努力是很难取得成功的。大音乐家莫扎特曾说：“有很多人是用青春的幸福作成功代价的。”这句话告诉我们，要想成功，就要付出代价。

有人说：“小努力小成功，大努力大成功，不努力不成功。”也有人说：“努力不一定成功，但成功需要努力，不努力一定不会成功。”即便我们聪明过人，信心百倍，但只要放弃了努力，就会与成功失之交臂。综观古今的成功人士，他们成功的背后，无不是他们付出了很多努力。

自信与努力、汗水与成功是相互关联着的，只有不断地努力，才能提高自己的能力。只要有付出了辛勤的汗水，就一定会有所收获。当然，我们要正确对待努力和成功的关系，在我们付出努力的同时，我们就已经成功了，因为成功就是努力去追求成功的过程，而非结果。

时刻提醒自己，我们要获得一倍的成功，就要付出“八倍的努力”。

3 付出总有回报

——中国体坛名将邓亚萍的故事

成长故事

乒坛名将邓亚萍出生在河南，她的父亲就是曾经任河南乒乓球男队主教练的邓大松。受父亲的影响，邓亚萍从小就喜欢体育运动，并立志要成为一名优秀的运动员。可是，本想进入体校的她，却因为身材矮小，手脚粗短，而被拒于体校的大门之外。年幼的邓亚萍从此便只能跟父亲学打乒乓球。父亲对她的要求是非常严格的，他要求邓亚萍每天在上完体能课后，再做 100 个发球接球的动作。年仅七八岁的邓亚萍，为了能使自己的球技更加熟练，基本功更加扎实，就在自己的腿上绑沙袋，而且把木球拍换成了铁球拍。

这样的训练难度，对一个孩子来说是难以想象的，这种吃苦的精神更是难能可贵的。每当邓亚萍闪、展、腾、挪时，都要承受很大的精神压力和伤痛的煎熬。腿肿了、手掌磨破了，这些都是家常便饭。年幼的邓亚萍从不因此叫苦、喊累，可身为教练的父亲，有时却心疼得掉眼泪。

艰苦的训练不断地继续着，小邓亚萍也在不断地进步着。10 岁时，她一举获得了全国少年乒乓球比赛团体和单打两项冠军。她被选入了国家队，但她深知自己 1.49 米的身高是竞争中的一大劣势，于是，她在完成别人不易完成的大运动量训练后，还要天天加班加点超额训练。她经常练得大汗淋漓，一堂训练课下来要换几套衣服。她训练之刻苦、耐力之惊人，在国家体委训练局早已闻名。

付出总有回报

1990 年亚运会后，邓亚萍在接受采访时曾脱下鞋袜，展现在记者面前的竟是一双由血泡磨成的、老茧足有铜钱厚的脚板。

付出总有回报，由于邓亚萍的执着与努力，她创造了举世瞩目的佳绩。在运动生涯中，她共获得 18 项世界冠军，成为中国名副其实的巾帼英雄。

成长启迪

一分耕耘，一分收获；一分付出，一分回报。想出一分的力气，换来十分的回报，这样的事情只会在梦中出现。坐享其成，盼望天上掉馅饼的事情，永远不可能发生在我们的头上，即使真有那么一天，也可能是有毒的馅饼。

有人说：“这个世界并不是我们的，我们只拥有其中很小的一部分，而且还要付出足够大的代价才能拥有。”事实上，付出了却没有回报不足为奇，要知道，我们付出了，在这件事情上没有回报，在别的事情上或许还有回报。付出本身也就是一种回报，这是一种崇高的精神意境，是旁人所无法体会到的一种快乐与成就感，它的美丽只有我们自己才能体会得到。

天下没有免费的午餐，天地间的那个无形的天平对每个人都是公平的。如果我们都能像邓亚萍那样为了自己的理想而努力拼搏，不惜付出再多的辛苦和汗水，相信成功也会降临在我们的头上。

4 无悔的选择

——中国体操天才李宁的故事

成长故事

李宁出生于广西壮族自治区，他的父亲是一位小学老师，尤擅长音乐。在李宁很小的时候，父亲就发现李宁有唱歌的天赋，这令他很兴奋。在李宁五六岁的时候，父亲就教他练琴、唱歌，全身心地培养他，希望他在音乐方面有所造诣。

在李宁 8 岁那年，淘气的他爬上了学校的一个窗口，顿时他被里面的情景深深地吸引了——那是一间学校的体操教室，教室内体操队员们正在老师的带领下练习翻跟头。从此，李宁发现了自己的“新大陆”，他找到了自己的心灵归属。回到家里，他就把被子铺到地上，开始练起了翻跟头。

眼见在音乐上大有前途的孩子迷上了体操，父亲不免有些失落，但明事理的父亲尊重并支持儿子的选择，他把李宁送进了学校的体操队。

尽管李宁个子矮小，但是他灵气十足，是个天生的体操苗子。一年后，李宁就被选入广西体操队，在那里，他刻苦、认真地训练，他要求自己对每个基本动作都做得一丝不苟、准确到位。经过三年的刻苦训练，在一次全国少年体操锦标赛中，他开始崭露头角，荣获了自由体操的第一名。

无悔的选择

从此，李宁为自己制订了更高的目标，训练也更加刻苦了。李宁在体操的道路上一路拼搏着走过来，取得了令人瞩目的辉煌成绩。不负众望的他在整个运动生涯中一共获得 106 枚金牌，是中国第一个在奥运会上一人夺得 3 枚金牌的选手，更是轰动世界体坛的东方“体操王子”。

成长启迪

人生的诀窍就是经营自己的长处，这是因为经营自己的长处能给你的人生增值，经营自己的短处则会使你的人生大打折扣。正如美国科学家本杰明·富兰克林所说：“宝贝放错了地方便是废物。”美国诗人洛威尔也说：“做我们的天赋所不擅长的事情往往是徒劳无益的，在人类历史上因为做自己所不擅长的事情而导致理想破灭、一事无成的例子举不胜举。”成功其实离我们不远，只要做我们最喜欢做的事情，然后把它做得最好，我们就成功了。

英国作家托马斯·卡莱尔说："世界上最不幸的人要数那些说不清自己究竟想做什么的人。他们在这个世界上找不到适合他们干的事，简直无处容身。"要选择好我们准备从事的事业，首先要问问自己的兴趣所在。我们喜欢做什么？我们最擅长什么？一个人如果能够根据自己的爱好去选择事业的目标，他的主动性将会得到充分发挥。即使会十分疲倦和辛苦，也总是兴致勃勃，心情愉快；即使在途中困难重重，也绝不会灰心丧气，而是认真地想办法，百折不挠地去克服它。

我们在小时候几乎都会被问道："你长大了要做什么？要当科学家、文学家、歌星，还是当总统……"但是随着年龄的增长，这些儿时的梦想就像美丽的肥皂泡一样悄然地破灭了。看看我们周围的人，有几个人现在从事的职业就是儿时的梦想？可以说是寥寥无几。为什么会发生如此大的变化呢？因为许多人既不知道自己对什么最感兴趣，又不知道自己的特长是什么，因而也不知道什么样的工作最适合自己，只能听从家长及别人的安排，结果往往是别人决定着自己的前途和命运。

有人向世界首富比尔·盖茨请教成功的秘诀，盖茨说："做你所爱，爱你所做。"兴趣可以是一种强大的精神力量，它可以使人集中精力去获取知识，创造性地开展工作。谁找到了自己最感兴趣的工作，谁就等于踏上了通向成功的道路。

5 睡在三角床上

——经济学家王亚南的故事

成长故事

王亚南出生在湖北省黄冈县的一个普通村庄里，在他很小的时候父母便早逝了，在兄长的支持下，他读完了小学，又考上中学和大学。

在船上认真读书的孩子

王亚南小时候便胸怀大志，他对读书的热爱几乎到了痴迷的程度。在读中学时，王亚南为了挤出更多的时间用于读书，特意把自己睡的木板床的一条腿锯短，让其成为三脚床。这样每当读书至深夜，他拖着疲劳的身体睡去时，只要小睡一会儿，稍一翻身，床就会倾向短脚的一边，他也会因此被惊醒，不会因贪睡而耽误读书了。王亚南的学生时代就是这样每日伏案夜读度过的，所以他的学习成绩年年优异。

在32岁那年，王亚南乘船去欧洲，他在船上认真地读着书，可当船行至红海时，突然巨浪滔天，船被浪头打得摇晃不定，人在船上根本无法立足。这时，王亚南拿着书走进餐厅，他恳求服务员把自己绑在餐厅的柱子上。服务员误以为他是怕自己被浪头甩到海里去，就照他的话去做了。可是，被牢牢地绑在柱子上的王亚南此时却翻开了书，又聚精会神地读起书来。船上的外国人看见了，都向他投来了惊异的目光，他们连声赞叹他“真了不起”！

由于少年时勤奋刻苦读书，后来，王亚南终于成为我国杰出的经济学家，他也是《资本论》最早的中文翻译者。

成长启迪

我国近代文学家、考古学家王国维先生在《人间词话》中写道："古今之成大事业、大学问者，必经过三种之境界：'昨夜西风凋碧树。独上高楼，望尽天涯路。'此第一境也。'衣带渐宽终不悔，为伊消得人憔悴。'此第二境也。'众里寻他千百度，蓦然回首，那人却在灯火阑珊处。'此第三境也。"这三种境界实则为"成功的三种境界"。

大凡成功的实现，几乎都不会一帆风顺，一蹴而就，都要经过无数次失败的考验。每一个人都不希望自己的一生泛泛虚度，都希望自己能实现理想，成为一位成功人士。当然，每个人对于成功的理解也是不同的，不同的人生阶段对成功有着不同的要求和理解，不能一概而论。

6 五年不脱衣服睡觉

——北宋著名政治家、文学家范仲淹的故事

成长故事

范仲淹两岁的时候，他的父亲不幸病故，孤苦无依的母亲只好带着尚在襁褓中的他改了嫁。范仲淹长大以后，知道了自己的身世，为了报答母恩，他立志一定要做个有出息的人。于是，他含泪告别了母亲，去应天府的南都学舍读书。

范仲淹勤奋苦读，不管白天黑夜，都手不释卷。为了抓紧每一分钟的学习时间，整整五年的时间里，他从没有脱衣就寝过。在夜里困意袭来时，他为了保持清醒的头脑就向脸上浇冷水以求继续读书。在实在太困了的时候，他才不得不和衣而卧，睡上一会儿。

先天下之忧而忧，后天下之乐而乐

范仲淹的学习条件是艰苦的，因为家里没钱，他常常是饿着肚子苦读一整天，直到日头偏西才煮一点稀粥喝。就这样，日复一日，年复一年，他读了许许多多的书，他的志向日渐高远，学问和修养也不断提高。知书明理的他将“造福天下”为己任，以“先天下之忧而忧，后天下之乐而乐”作为自己人生的崇高追求。

经过多年不懈的努力，范仲淹终于成为北宋著名的政治家和文学家。

成长启迪

“书山有路勤为径，学海无涯苦作舟”，“不经一番寒彻骨，哪得梅花扑鼻香”，“三更灯火五更鸡，正是男儿读书时”……古人对于苦学有着深刻的体会。是的，学习就要吃苦，不吃苦就难以取得好成绩。

人人都希望有一个好的学习成绩，将来有一个好的工作，有一个好的生活环境，对于绝大多数人来说，实现这一梦想的唯一途径就是“苦学”。苦学并不是一件容易的事，它凝聚着艰辛和汗水，古今中外的名人很伟大，但几乎每一个名人都经过了苦学才有了令人瞩目的成就。

当然，我们今天的“苦学”和古人的“苦学”有了许多不同。我们今天提倡的苦学，是在“乐学”和“善学”的基础上苦学。没有“乐学”和“善学”这一前提，一味地苦学，要想取得理想的成绩更是不容易的。

7 圆木警枕

——北宋著名史学家司马光的故事

成长故事

北宋的司马光出生于宋真宗天禧三年。他从小机智过人，勤奋好学。自幼就对文学和历史非常感兴趣，他喜欢读《左传》，常常“手不释书，至不知饥渴寒暑”。7岁时，司马光便能熟练地背诵《左传》，他甚至能清晰地将两百多年的历史梗概讲述出来。20岁时，司马光就已考取了进士。他将自己的大部分时间都用在读书上，甚至是分秒必争。

司马光为了抓紧时间读书，特意为自己制作了一个圆木枕头，每当需要休息时，便枕着它，因为枕头是圆木的，所以只要睡觉时身体一翻动，头就会自然从枕头上跌下，他就会因此而惊醒，然后马上起来学习。司马光因此称其为“警枕”，“警枕”的最大妙用就是能够时刻敦促他学习。

正是由于司马光的勤奋刻苦，他才成为一位学识渊博的人，他所主持编写的《资治通鉴》是我国最大的一部编年体史书，他也因此成为北宋时期最著名的史学家。

枕着“警枕”睡觉

成长启迪

英国著名的博物学家赫胥黎说：“时间最不偏私，给任何人都是24小时；时间也是偏私的，给任何人都不是24小时。”时间对于每个人来说都是同样多的，如何利用好分分秒秒，对每个人来说都是不一样的。有许多人都尽可能地挤出时间，用在工作和学习上，结果每一天都能比别人多出许多时间。

珍惜时间，我们才能更快地走向成功，才不至于让别人轻松地从我们的身边超过去。正如大哲学家苏格拉底所说的：“当许多人在一条路上徘徊不前时，他们不得不让开一条大路，让那些珍惜时间的人赶到他们的前面去。”珍惜时间，才能更好地珍惜生命，创造自己的人生价值。

8 勤奋是成功的基石

——中国著名生物学家、教育家童第周的故事

成长故事

童第周是我国著名的生物学家、优秀的教育家，曾担任过中国科学院副院长、动物研究所所长。

1902 年，童第周出生在浙江省鄞县的一个小村，由于家庭生活贫困，父母不能供他到学校读书，所以他只能在家里边做些农活，边跟父亲学点文化。直到童第周 17 岁那年，他才在哥哥的帮助下，进入宁波师范预科进行学习。因为文化基础差，他学习起来感觉很吃力，第一学期考试成绩下来，他的平均分没有及格，于是学校提出让他退学或降级。童第周没有为此而气馁，他向学校再三请求，让他继续念下去，学校才勉强答应让他试读半年。于是，童第周暗下决心，一定要把成绩赶上去。功夫不负有心人，经过不断的努力，他终于取得了好成绩。

对于目前已取得的这一点成绩，童第周自己并不满意，他的心中已有另一番高远的志向——他要考入当时省内名望极高的宁波效实中学读书。哥哥心里既为他高兴，又为他担心，高兴的是他志向高远，而担心的是考试难度极大，考取的希望很渺茫。因为效实中学那年不招一年级的学生，只招三年级的插班生，这对童第周来说是一次极大的考验，可是他却依然意志坚定地积极备考。

终于，他如愿地考入了效实中学，成为三年级的一名插班生，可是他的成绩却是全班倒数第一。面对成绩单，童第周发誓要赶上去。

一天深夜，老师发现在昏黄的路灯下有个瘦小的身影在晃动，走过去一看，

原来是童第周正在借着路灯光演算习题。老师问他这么晚了怎么还不回寝室休息。童第周说他要抓紧时间把功课赶上去，他不能做倒数第一名。老师关心地劝他回去休息，可是就在老师走出不远后，童第周又回到路灯下继续学习。就这样，在期末考试中，童第周的各科平均成绩达到了70分，其中几何还得了满分，童第周终于靠自己的刻苦努力将成绩赶了上去，他的进步引起了全校的轰动。

在不到一年的时间里，童第周不敢怠慢，奋起直追，到高中毕业时，他的学习成绩名列全班第一，他的进步又一次震惊了学校。校长无限感慨地说："我当了多年校长，从来没有看到过进步这么快的学生！"

后来，童第周在回顾自己的中学生活时，曾感慨地说："在'效实'的两个'第一'，对我一生有很大影响。那件事使我知道自己并不比别人笨，别人能做到的，我经过努力也一定能做到。世上没有天才，天才是用劳动换来的。"

勤奋是成功的基石

对知识的渴望，让童第周始终孜孜不倦地发愤学习，1924年，他考入上海复旦大学，在其不懈的努力下，临近毕业时，他已经成为生物系的高材生。从此，他走上了追求科学的漫漫求索之路。

成长启迪

曾任北京大学校长的季羡林为成功列过一个公式：天资＋勤奋＋机遇＝成功。他进一步分析说："天资是由天决定的，我们无能为力；机遇是不期而来的，我们也难以把握；只有勤奋这一项完全是由我们自己决定的，我们必须在这一项上狠下功夫。"

勤奋是实现理想的奠基石，是补拙益智的催化剂，是人生航道上的灯塔，是通向成功彼岸的桥梁。事业上取得辉煌成就的人，并不一定是天资最佳的人，而是肯下工夫的人。

勤奋是成功的第一要诀，世界上几乎所有成功的人，都付出了比常人更多的努力。人与人的天赋并没有太大的区别，唯一区别较大的则是人的勤奋程度。没有天生笨的人，只有是否勤奋的人。

第八章

跨过栏杆，成功就不远

伟人所达到并保持着的高处，并不是一飞就到的，而是他们在同伴们都睡着的时候，一步步艰辛地向上攀爬的。

——罗曼·罗兰

1 跨过面前的栏杆

——罗马尼亚女子跳高运动员巴拉斯的故事

成长故事

巴拉斯出生在罗马尼亚的一个特殊家庭，她的母亲患有精神分裂症，她的父亲因患小儿麻痹症，瘸了一条腿，整天赌博酗酒，失去了生活的希望。在这样贫困潦倒的环境下成长的巴拉斯整天像个野孩子一样，无人管束，四处疯跑，还染上了偷盗和打架的恶习。

在巴拉斯 12 岁的时候，一个转变她一生命运的人出现在她的面前，他就是威尔逊先生。威尔逊是一名跳高运动员，他把巴拉斯带到了运动场，决定教她练习跳高。巴拉斯呆呆地站着，简直不敢相信眼前的事实。她胆怯地问："威尔逊先生，我真的能像你一样成为一名跳高运动员吗？"威尔逊反问她："为什么不能呢？""可是，我的母亲是一个精神病，我的父亲是残疾人和酒鬼，我的家境很糟糕……"巴拉斯无奈地诉说着。威尔逊问她："这些和你跳高有什么关系呢？"巴拉斯想了想，小声说："我不是个好孩子，而你却是那么优秀。"威尔逊告诉她："除非你自己不愿意成为一个好孩子，没有人天生就很优秀。别将不好的家境当成你变成好孩子的阻力，而要让它成为你的动力。"

威尔逊的话唤起了巴拉斯心中的希望，给了她无穷的力量，她第一次感觉到受重视，也第一次这样深切地希望自己能够成为一个好孩子，不再让别人瞧不起。于是，她决定试试看。

威尔逊给巴拉斯加了一根 1 米高的栏杆，结果巴拉斯很轻易地就跳过了。接下来，威尔逊将那根栏杆撤下来，让巴拉斯再跳一次，结果她仅跳过 0.6 米。

威尔逊告诉她说："这根栏杆就是你苦难的家境，没有这根栏杆，你跳高的时候就没有足够的动力。我现在就将栏杆加到 1.2 米，我相信你也一定能够跳过去的。"果然，巴拉斯用尽全身的力气，跳了过去。巴拉斯这回对威尔逊的话深信不疑了，她决心一定要出人头地，凭借自己的努力来改变家里糟糕的现状。

人人面前都有一根栏杆

在巴拉斯跳高稍有起色之后，威尔逊又将她介绍给了一个体育俱乐部，在那里，巴拉斯认识了罗马尼亚的全国男子跳高冠军约·索特尔。在索特尔的精心培育下，14 岁的巴拉斯跳过了 1.51 米。而到了 19 岁时，她竟然跳过了 1.75 米，打破了世界纪录。

后来，巴拉斯 14 次刷新世界纪录，在所举办的 140 次各种跳高比赛中获胜，是世界跳高比赛史上获胜最多的女运动员，被人们誉为喀尔巴阡山的"女飞鹰"。

成长启迪

其实，我们每个人的面前都有一根栏杆，这根栏杆的名字叫贫穷、饥饿、失业、灾难、挫折、失败等，它挡在我们的面前，使我们不能前行，也不敢前行。如果我们每个人都把这些当成一根栏杆来跳，只要跳过了这根横在自己面前的栏杆，我们就成功了。

对于困难、挫折、不如意，人们通常抱有两种态度：一种是知难而退，到头来可能反被困难逼进死角；另一种是迎难而上，想方设法克服困难，最终成为困难的终结者。困难、挫折、不如意等就像是前进路上的一堵墙，推倒这堵墙，我们就能战胜前进路上的困难；不拆除这堵墙，我们只能原地踏步，甚至后退。

2 你只管向前奔跑

——埃塞俄比亚马拉松运动员贝基拉的故事

成长故事

贝基拉很小的时候就渴望成为一名驰骋赛场的长跑健将，但极度贫寒的家境让他很自卑，也很羞愧——他不但拿不出钱参加训练，而且连最便宜的普通跑鞋也买不起。他只好站在训练场边，羡慕地看着其他运动员们训练。

一位跨栏教练员注意到了贝基拉，便把他领进了训练场，和他聊了起来。待了解了他的情况后，教练员将他带到一组很矮的栏杆前，让他一路跑过去，他轻而易举地就跨越过了栏杆；教练员又指了指旁边高一些的栏杆让他再试一试，贝基拉试了好几次，也没能跨过去。

这时，教练员平静地告诉贝基拉：“孩子，你刚才所说的那些困难，就像眼前的这些栏杆，它们会横在每个人的面前，那些你现在跨不过去的栏杆，可以在一次次的失败后，最终被跨越。你可以踢翻它们，也可以绕过它们，你只需盯准前方，只管努力地向前奔跑，相信没有什么可以拦住你的梦想。”

教练员的一席话点燃了贝基拉心中的希望，没有什么再会成为他奔跑的障碍，买不起跑鞋，他就坚持赤足训练，无论是广袤的原野、泥泞的山路，还是坚硬的戈壁滩，都成了贝基拉的训练场，他坚定而执着地不停奔跑着，练就出了一双铁脚板。数年后，他成了埃塞俄比亚著名的马拉松运动员。

只管向前奔跑

在 1960 年举办的奥运会马拉松赛场上，光着脚跑完全程的贝基拉最终赢得了金牌。他凭借自己坚强的意志，成为奥运史上第一个蝉联马拉松赛冠军的选手，成为埃塞俄比亚人们心中的民族英雄。

贝基拉成功了，面对记者的话筒，他激动地说：“一切都很简单，只要站在跑道上，就没有什么障碍可以拦住奔跑的雄心，就只管向前，再向前，一路向前地奔赴梦想的终点。”

成长启迪

千百年来，人们对于成功的诠释是仁者见仁、智者见智。要想获得成功，就要自尊、自信，就要有敢于接受成功和失败考验的勇气和胸怀，就要有从一点一滴做起，不达目的永不放弃的坚定信念，就要有永无止境地奋斗和探索的精神。

大诗人泰戈尔说：“只有经历地狱般的磨炼，才能炼出创造天堂的力量；只有流过血的手指，才能弹出世间的绝唱。”成功的路上都是坑坑洼洼，只有靠自己的努力和拼搏，才能获得成功。大多数人在困难和挫折面前畏缩不前、黯然而退，结果导致一生平庸；而另一部分人把困难当作成功路上的垫脚石，使自己站得更高，走得更远。

成功就像跨过一排排的栏杆，越过一道道的沟坎，推倒一堵堵的围墙，成功就要不失去向前奔跑的雄心，勇敢地跨越困难，踢翻挫折，绕过困境，最终抵达梦想的前方。

3 成功只要再迈出一步

——德国历史上第一位女性总理默克尔的故事

成长故事

体育馆内，一群小女孩在练习跳水。当所有的孩子都已勇敢地从 3 米跳台跳下水的时候，跳台上只剩下一个小女孩还没有跳。她惶恐地站在那里，老师和同学在旁边不停地鼓励她，可她依然站在那里不敢跳，因为惊吓与着急，她的泪水顺着脸颊滑落下来。时间一分一分地过去了，小女孩在跳板上已经足足站了 45 分钟，老师似乎对她也失去了耐心，告诉她，马上就要下课了。

听到老师的话，小女孩的腿抖得更厉害了。她艰难地退了一小步，终于鼓足勇气又前进了一大步，然后闭着眼睛跳了下去。

当同学问她是怎样战胜自己的胆怯时，这个 12 岁的小女孩擦干了泪水，用颤颤的声音回答道：“我突然想起了爸爸说过的一句话。他说，在困难的时候，请不要停下你也许发抖的双脚，再往前迈一步，只要一步。”

你只要迈出一步

在关键时刻，小女孩没有忘记爸爸对她的教诲。她的爸爸平日里对她要求就很严格，希望她能够出类拔萃，做同龄人中的佼佼者。小女孩也很要强，在各个方面都很刻苦。尽管她在体育方面较弱，但她也做到了坚持。她的最大天赋体现在数理学科方面，32 岁的那一年，她获得了物理学博士学位。尔后，她又凭借自己那种勇敢向前的精神不断地发展和完善自己，终于成就了自己不凡的人生，她就是安格拉·默克尔——德国历史上第一位女性总理，也是最年轻的总理。

后来，回忆起那次跳水的情景时，安格拉·默克尔说："从那一刻起，我就充满了勇气，什么事都没有畏缩过。"

成长启迪

"当我们在懊恼事情没有什么进展时，请不要停下我们也许颤抖的双脚，再往前迈一步，只要一步！"每个人在前进的过程中都会面临困难，有的人在困难面前退缩了。有的人在困难面前迟疑了。有的人在迟疑后勇敢地迈出了一步，也许是一小步，却迈出了勇气与决心，也迈出了一片全新的天地。

成功没有秘诀，贵在坚持不懈。任何伟大的事业，都成于坚持不懈，毁于半途而废。如果想要成功，就必须努力；如果想要成功，就必须奋斗；如果想要成功，就必须坚持，再坚持！

4 不能半途而废

——法国作家维克多·雨果的故事

成长故事

雨果刚出生时，身体非常虚弱，以至于接生的人认为这孩子是不可能养活的。长大后，雨果的身体也一直不好。因为身体不好，他什么都做不了，时常愁眉苦脸，一个人坐在角落里，无缘无故地流眼泪。看着多病的雨果，父亲十分担心，他时常抽出时间教育和开导雨果。

怎样才能让孩子好起来呢？父亲终于想出一个办法。一天，父亲提出要带雨果去爬山锻炼他的体质。听说要爬山，原本没精打采的雨果高兴起来。临行前，父亲告诉他要做好吃苦的准备，不许中途放弃。雨果愉快地答应了。

第二天，父亲就将雨果带到了郊外的山脚下，他们要爬的这座山并不高，只是路比较难走，坑坑洼洼，杂草丛生。刚刚上路的小雨果充满了好奇，他蹦着跳着，一边走一边玩。但刚过一会儿，他便气喘吁吁、上气不接下气地坐在地上了。父亲允许他休息一会儿再出发。他们就这样走走停停，可当雨果又一次提出要休息时，父亲却拒绝了，他告诉雨果这座山并不高，而他们也已经休息了好几次，他应该坚守之前的承诺，继续坚持走下去。

不要半途而废

小雨果只得咬着牙站起来，继续深一脚浅一脚地向上攀爬。眼看就要到山顶了，他却一不小心绊倒了，膝盖擦破了皮，开始哭了起来。父亲帮他处理了一下伤口，安慰他不要哭，要像个男子汉一样坚强。

小雨果以膝盖受伤为由向父亲提出不想再爬山、要回去的请求。父亲告诉他："我们再走几步就到山顶了，你的伤并不要紧，一定不要半途而废。"在父亲的鼓励下，小雨果终于到达了山顶。当他们坐在山顶的石头上俯瞰远处的景色时，父亲留意到小雨果的神情中流露出一种说不出的喜悦和自豪。于是，父亲借着这个机会告诉他："如果刚才我们中途放弃了，现在就不会看到这么美丽的景色了。做任何事情都一样，如果认准了，就一定不要半途而废。"

从此，父亲经常抽空带小雨果去爬山、游泳、骑马、打猎，小雨果的身体一天天强壮起来。这些有意义的活动，不仅锻炼了他的体质，还磨炼了他的毅力，使他变得健壮且坚强。

雨果喜欢读书，对文学有着强烈的兴趣。十二三岁时，他就尝试着进行文学创作，那时他就写下了成千上万行诗，一部喜剧歌剧、一部散文剧和一部史诗。尽管雨果在之后的岁月中历经磨难，但他总是以惊人的毅力知难而进，逆境逢生，在不懈的努力和坚持下，他终于成为一代文学大师。他笔耕不辍，一生有六十多年的时间都在创作，很多优秀的文学作品在他的笔下应运而生，这些作品成为人类文化宝库中一份十分辉煌的文化遗产。

成长启迪

古时候有个叫乐羊子的人，他告别妻子到外地求学，但学习的艰辛、求学的清苦，使他感到很乏味。学了一年后，他终于决定弃学返乡。乐羊子走进家门时，妻子露出惊喜而略带诧异的眼神，当她知道乐羊子为什么回来时，拿出一把剪刀，走到织布机前，将织布机上织着的一匹布剪断了。乐羊子问妻子怎么把要织完的布剪断了。妻子说：“这本是一块快要完工的布，但我剪断了它，它便成了一块废布。求学的道理也是一样，若能坚持到底，就能成为一个有用的人；但若不能坚持，半路停下来，就会前功尽弃，如同这块废布一样，成为一个毫无用处的人。”乐羊子听后感到非常羞愧，他立即拿起行装，回到私塾学习，终于成为一个有大学问的人。

试想，乐羊子当时若放弃了学业，最终只会是碌碌无为的平庸之辈。可见，若战胜了困难，就会使自己的人生向前迈进一大步；若被困难吓倒了，退缩了，终将一事无成。

“锲而舍之，朽木不折；锲而不舍，金石可镂。”做事的关键在于要有恒心，目标专一，持之以恒，不能半途而废。任何人成功之前，都会遇到许多的失意，甚至是多次的失败。如果放弃了，就会错过一个成功的机会，因为轰轰烈烈的成功之前的失败，往往离成功只有一步之遥。自古以来，那些所谓的英雄，并不比普通人更有运气，只是他们比普通人更有坚持到最后的勇气罢了。

5 苦难是最可贵的磨炼

——美国股神沃伦·巴菲特的故事

成长故事

一个美国的大学生，他被父母要求利用节假日的时间去打工来偿还他们为供他上学而支付的费用，而他所打工的地点正是他父亲所开设的工厂。在厂里，他需要跟其他工人一样严格执行工厂的制度，上下班排队打卡，以所做的工件数量、质量及上下班打卡记录来结算工资，甚至他还曾因迟到了两分钟而被扣除了当月的一半奖金。

孩子，你拥有了一段可贵的经历

年轻人大学毕业后，他想着可以进入父亲的公司，帮助父亲做些管理工作，可是父亲不仅没让他管理公司，反而对他更加苛刻。这让他大为不解，以父亲公司现有的业务发展来看应该很好，而且家里经济状况也不错，还经常给福利院捐钱，可是父亲为什么就在他身上舍不得花一分钱呢？他开始怀疑自己不是父亲亲生的，于是气愤之下，他决定离开这个家独自去外边闯荡。

他决定去做生意，却没有本钱，需要到银行去贷款，他想让父亲做他的担保人，可就连这个请求父亲都拒绝了。没有贷到款，他的计划只得搁置，改成去一家公司打工。可因为打工的公司人际关系复杂，他又被排挤出来。失业后，他用打工积累的、仅有的一点资金开了家小店，他努力地经营，小店的生意慢慢好起来；接着，他又开了家小公司，小公司在他手里又逐渐扩大为大公司。

正在高兴之余，公司却倒闭了，他的努力全部付之东流。他曾痛恨过命运对自己的不公和父亲的绝情，想过要轻生，但是他又不甘心，最后他决定振作起来，准备从头再来。这时，父亲却出人意料地来到了他的身边，让他接管自己的公司。父亲对满腹狐疑的他说："孩子，你虽跟几年前一样，依然没有金钱，但你拥有了一段可贵的经历，这段经历对你来说是一场苦难的磨炼，然而它却是可贵的。"

果然，他没有辜负父亲对自己的一片期望，将父亲的公司发展成一家令全球瞩目的大公司。他就是伯克希尔公司总裁、有着"美国股神"之称的沃伦·巴菲特。

成长启迪

几乎所有成功的人都经历了苦难的磨炼，可贵的是他们没有放弃这种体验，他们从苦难的磨炼中看到了希望。经历苦难、经历磨炼使人积累了经验，增强了毅力，懂得热爱和珍惜自己的事业和生活，更懂得如何做好、做大、做强自己的事业。

我们的生命历程就是生命磨炼的过程，没有苦难的人生是不完整的残缺的人生。学会挑战苦难，磨炼我们的意志，成为我们生命历程中的唯一选择。没有对苦难的挑战，就体会不出生命的甘甜。多一分苦难，多一分磨炼，多一种体验，人生才会更丰富，更坚定，更有意义。

有人说：“在这个世界上，从来没有什么真正的绝境。无论黑夜多么漫长，朝阳总会冉冉升起；无论风雪怎样肆虐，春风终会缓缓吹拂。”强者正是凭借着“永不失望、更不绝望、还有希望”的生存意志取得了人生的成功。

6 做一个只需数到9的裁判

——美国职业拳击裁判布鲁斯·富兰克林的故事

小男孩欢天喜地地上学了，但总是显得很愚钝，无论怎么学，无论老师怎么努力地教他，他都无法从1数到10。无奈之下，老师决定请他的父亲来学校一趟，看看怎么办，也借此好好沟通一下孩子的教育问题。

当父亲听说孩子在学校的表现如此差劲时，老师最担心的事情发生了。盛怒之下的父亲立刻把自己的孩子叫了出来，当着老师的面就开始大声地训斥起儿子来：“你这么大了，学了这么长时间，连从1数到10都学不会，你还能做什么，将来长大能有什么用？”

孩子给自己丢了脸，爸爸气得不得了。没想到听完了爸爸的训斥，孩子眼珠飞快地一转，笑嘻嘻地对爸爸说：“爸爸，我要做一个拳王争霸赛上只需数到9的裁判。”听到孩子这样说，爸爸气得拂袖而去。回家的路上，爸爸一路走一路想，慢慢冷静下来：“那也只能让孩子做一个裁判了。如果能做一个好裁判也很不错啊。”

从此，爸爸开始帮助男孩学习拳击运动裁判的相关知识，慢慢地男孩真的在这个行业有了成绩，并越做越好。

我要做一个拳王争霸赛的裁判

这个争霸赛上只需数到9的裁判就是著名的布鲁斯·富兰克林。在今天的美国体育界，谁都知道布鲁斯·富兰克林是美国职业拳击运动史上最伟大的裁判。

成长启迪

当命运关闭一扇门的时候，定会为我们打开另一扇窗。其实，每个人都有与生俱来的美好特质与潜能。

对于人的潜能，理论上说是无所不能的。发挥潜能，这一观点已被越来越多的人理解和接受。发挥自己的潜能，了解自己，意味着不能回避自己的弱点；了解自己，还意味着充分地信任自己，不自弃，不被他人对自己的评价所左右。更重要的是，要行动起来，不甘心自己的落后。只有真正地行动起来，才能让自己的潜能得到发挥，起到作用。

7 第1951次的求职者

——美国好莱坞动作巨星、导演及制作人史泰龙的故事

成长故事

有一个年轻人，他一心想做演员，想当电影明星，但是这对当时的他来说却看似不太可能，因为他穷困潦倒，几乎一无所有。可就是这样，他仍执拗地认为他能做到，而且全心全意地坚持着自己心中的梦想。为了实现明星梦，他决定到好莱坞的电影公司毛遂自荐。

当时的好莱坞共有500家电影公司，他根据各家电影公司所在的位置进行了仔细的规划，然后按照自己所排列的名单顺序，带着为自己量身定做的剧本，开始逐个拜访。但第一遍拜访的结果是一无所获，无功而返，所有的电影公司都不愿意聘用他，也没有一家公司对他的剧本感兴趣。面对无情的现实，他没有灰心，而是马上又开始了他的第二轮拜访与自我推荐。同样，第二轮拜访也以失败告终。紧接着，他进行了第三轮的拜访，其结果仍与前两次一样。三次打击，虽然让他感到伤心，但是却没有撼动他坚强的意志，没有动摇他的决心。不久，他又咬牙开始了他的第四轮拜访。

当拜访到第350家电影公司，也就是在他收到第1850次拒绝后，他终于看到了一丝希望，这家的老板竟破天荒地答应让他先将剧本留下看一看。这已足以让他欣喜若狂了，他怀着忐忑的心情等了几天后，才等到这家电影公司请他去详细商谈的通知。在他的坚持下，他终于得到了幸运女神的眷顾，得到了梦寐以求的机会。这家公司不但决定投资开拍这部电影，而且请他担任剧中的男主角。这部影片的名字叫做《洛奇》。

要想成功，就得持之以恒

这个年轻人的处女作一经问世，就获得了巨大的成功，《洛奇》这部影片获得了奥斯卡最佳影片奖。而这个年轻人就是美国好莱坞著名的武打动作巨星、导演及制作人史泰龙。

成长启迪

坚持是成功路上很重要的一种品质。一个哲人曾语重心长地告诉人们："要从容地着手去做一件事，但一旦开始，就要坚持到底。"坚持到底，就是成功。一句很简单的话，但是要真的做起来，却并不容易。就像我们常说的，要做一两件好事完全没有问题，但是，当我们要一直做的时候，就会发现，其实还真是不容易。坚持的力量很强大，关键是我们是否真的能坚持住。

比尔·盖茨说过："无论遇到什么不公平——不管它是先天的缺陷，还是后天的挫折，都不要怜惜自己，而要咬紧牙关挺住，然后像狮子一样勇猛向前。"成功人士与平凡人的区别大概就在这里，成功者都能持之以恒，做人所不能做的，于是才会创造奇迹。所以说， 创造奇迹的一个关键词，就是"坚持"，也许并不是人们所想的特殊才能。而强烈希望获得成功的人，他自然就能做人所不能做，不管遇到什么问题，总能咬紧牙关，坚持到底。

第九章

对自己负责，选好心田的种子

每一个人都应该有这样的信心：人所能负的责任，我必能负；人所不能负的责任，我亦能负。如此，你才能磨炼自己，求得更高的知识，进入更高的境界。

——林肯

1 犹豫不决的结果

——美国第四十任总统里根的故事

成长故事

一个男孩独自来到一家鞋店要定做一双鞋。鞋匠问男孩：“你是想要方头鞋，还是圆头鞋？”这个问题把男孩难住了，他不知道哪种鞋适合自己，一时没有回答上来。于是，鞋匠叫他回去考虑清楚后再做决定。几天过去了，男孩并没有给鞋匠回音。一天，鞋匠在街上碰见了男孩，又问起鞋子的事情，男孩仍然不知怎样决定。于是，鞋匠对他说：“好吧，我知道该怎么做了，两天后你来取新鞋。”

你回去考虑清楚再来告诉我吧

两天后，男孩如约去店里取鞋，结果看到鞋匠递过来的鞋，他惊呆了，怎么鞋匠给自己做的鞋子一只是方头的，而另一只是圆头的呢？他不解地问道："怎么会这样？"鞋匠看了看他，回答道："等了几天，你都拿不出主意，当然就由我这个鞋匠来决定啦。这是给你一个教训，不要让人家来替你做决定。"男孩很懊悔，但也只好取走了这双两只鞋型不一样的鞋子。长大后，他回忆起这件事时，无不感慨地说："从那以后，我认识到一点：自己的事自己拿主意。如果自己遇事犹豫不决，就等于把决定权拱手让给了别人。一旦别人做出糟糕的决定，到时后悔的是自己。"

这个男孩就是后来成为美国总统的罗纳德·威尔逊·里根。

成长启迪

在父母眼里，孩子永远是孩子，永远长不大。所以，很多父母从小就无意识地剥夺了孩子的自主权，包揽了孩子的一切事情，以致孩子从小就缺乏自主意识，无论遇到什么事都先推给父母，让父母帮自己拿主意，让父母为自己处理所有的难题，形成了依赖心理，显然，这种情况是不利于孩子的健康成长的。

在每个人的人生之路上，难免会有沟沟坎坎，当然也会遇到很多的好心人善意地给我们提供很多的见解。但自己的事情要有自己独立的思想和见解，自己的事情仍然需要自己来拿主意。要知道，没有谁会时刻关注你、帮助你，更不会替你做好一切事情。路要自己走，事需要自己做，主意要靠自己去拿。

当然，自己拿主意并不是一意孤行，而是忠于自己，相信自己。面对坎坷人生，很多的时候，我们要学会对自己负责。

2 对自己的过失负责

——华人首富李嘉诚的故事

成长故事

少年时的李嘉诚，因为家境艰难，不得不到茶楼去做堂倌。当时，茶楼堂倌的工作是份苦差，又累又辛苦，不受老板的重视，有时候还会遭到客人的非难和欺负。茶客们常会在茶楼里一边品茶，一边聊天。听茶客们聊天，便成了李嘉诚在茶楼所能享受到的最大乐趣。

有一次，李嘉诚因为听得太入迷，竟忘了侍候客人。大伙计见了便召唤他给客人倒水。他这才回过神来，慌慌张张地拎起茶壶为客人倒开水，但一不小心却将茶水溅到客人的裤脚上。

未经事的李嘉诚，一下就被吓坏了，他脸色煞白，像木桩似的待在那里，也不知向茶客赔礼谢罪。这可谓是茶楼的大忌，因为茶客是茶楼的衣食父母，这种服务上的疏忽常会惹祸上身。

李嘉诚深知事态的严重性，因为在他进来之前，就曾听说过一个堂倌因为犯了和自己同样的过失而被开除。那个堂倌遇到的是个黑社会的师爷，老板得罪不起，只能硬逼着堂倌下跪请罪，然后当即责令他滚蛋。没想到这种厄运今天也会降临在自己的身上，李嘉诚诚惶诚恐地等待着茶客的惩罚和老板炒自己的鱿鱼。

这时老板跑了过来，刚要张口责骂李嘉诚，那位茶客却说："是我不小心碰了他，不能怪这位小师傅。"茶客竭力为李嘉诚开脱，才使得李嘉诚不被老板骂，仍然留在茶馆工作。

对自己的过失负责

茶客走后，李嘉诚感动得双眼湿漉漉的。事后，老板对李嘉诚说："我知道是你把水淋到了客人的裤脚上。以后做事千万得小心，万一有什么闪失，要赶快向客人赔礼，说不准就能大事化了。这位客人心善，若是恶点儿的，不知会闹成什么样子。开茶楼，老板和伙计都难做啊。"

李嘉诚回到家，将这件事情说给母亲听，母亲慨叹道："菩萨保佑，客人和老板都是好人。"她又叮嘱儿子："种瓜得瓜，种豆得豆"；"积善必有善报，作恶必有恶报"。

事隔多年，李嘉诚的心里却始终没有忘却过，成为巨富后的他对友人说："这虽然是件小事，但在我看来却是大事。如果还能找到那位客人，我一定要让他安度晚年，以报他的大恩大德。"

成长启迪

过失，是人生的一部分。不管一个人多么有经验，多么小心谨慎，都免不了会有过失，成年人尚且一不小心就会出错，更何况是年幼、缺乏知识和经验、不谙世事的孩子。譬如，不小心打碎了物品、一时冲动伤害了别人、粗心大意造成了麻烦，等等。其实，出现过失并不可怕，因为这正是教育我们、让我们获得经验的机会。

“吃一堑，长一智”，因为内疚和不安，我们会急于求助，急于弥补过失，而此时明白的道理有可能使我们刻骨铭心，永记心间。更为重要的是，失败了也罢，做错了也罢，出现过失后，在吸取经验和教训的同时，我们不能推卸责任，不要为自己的过失找借口，要勇于对自己的过失负责任，积极想办法去弥补过失，做一个富有责任感的人。

3 选好自己心田里的种子

——法国作家莫泊桑的故事

成长故事

法国作家莫泊桑，小的时候聪明过人，才华出众。他记忆超群，爱好广泛。对于看过的书，能做到过目不忘，倒背如流。他除了读书背书、写诗作文，还喜欢踢足球、弹钢琴、修理汽车，甚至他还喜欢学做厨师，喜欢到乡下种菜等，这些优势和特长让莫泊桑感到很骄傲。

莫泊桑的舅父很看好这个外甥，他觉得莫泊桑将来在文学方面能够有所作为，就请自己的好友、著名作家福楼拜来做莫泊桑的文学导师，指导福楼拜写作。可是一向骄傲的莫泊桑却问福楼拜究竟会些什么，当福楼拜反问莫泊桑会些什么时，莫泊桑得意地说：“我什么都会，只要你知道的，我就会。”

福楼拜让莫泊桑讲述一下他每天的学习情况，莫泊桑自信地说：“我上午用 2 小时来读书写作，再用 2 小时来弹钢琴；下午则用 1 小时向邻居学习修理汽车，用 3 小时来练习踢足球；晚上，我会去烧烤店学习怎样制作烧鹅；星期天，则去乡下种菜。”莫泊桑接着自鸣得意地反问福楼拜每天的工作情况。

你究竟有什么特长

福楼拜笑着告诉他，自己每天上午会用 4 小时来读书写作，下午会用 4 小时来读书写作，晚上同样还会用 4 小时来读书写作。这一回答令莫泊桑十分不解，他又问道：“难道您就不会别的吗？”福楼拜对他的问题避而未答，而是继续问莫泊桑在众多会做的事中尤为擅长的是什么。莫泊桑一下子语塞了，他回答不上来，于是，他反问福楼拜：“那么，您的特长又是什么呢？”福楼拜干脆地说：“写作。”

莫泊桑这下无话可说了。这时他才明白，做事要专一，要做好一件事，就要把自己的全部精力都用上才行。从此，莫泊桑在写作上投入了全部的精力，在福楼拜的指导下终于成为著名的作家。

成长启迪

原来，特长便是专心地做一件事情。人的内心是一块田，你种下什么，便会长出什么。但是，如果你将玉米、黄豆、小麦和南瓜统统种在一块田里，那将很难有所丰收。只有选择一种适合自己的种子，并日积月累地以汗水浇灌，才能培育出成功的果实。

居里夫人经过几十年的潜心研究，数千次的实验，才从数万吨的原料中提炼出几克镭，她因此两次获得了诺贝尔奖，成为闻名世界的科学家。被称为“水稻之父”的袁隆平院士，专心于水稻良种的培育，把我国杂交水稻的单产量一提再提，成为闻名于世的水稻育种专家。专心做好一件事，才有可能干成大事，也才有可能成就伟业。

专心做事是一种能力，更是一种素质，体现着一个人为人处世的态度和风格。一件事，如果是你自己愿意做的，就要专心尽力去做；一件事，如果是你必须做的，你就更应该专心去做，并努力做好、做实、做得完美。

4 自己做错的事，自己要承担责任

——美国前总统小布什的故事

成长故事

小布什和哥哥童年时非常调皮，当时他们一个上六年级，一个上七年级，他们干了一件坏事。哥哥普雷斯班上的一个男孩和他们兄弟两个商定，让一个女孩和她的朋友当着他们三个男生的面，光着身子跑过屋子，他们将会给两个女孩每人一角钱作为报酬。结果，那个小女孩向小布什的父母“告了状”，妈妈气愤地将这件事告诉了他们的爸爸。这是件伤风败俗的事，对于布什家族来说，发生这种丑事是相当严重而且是非常耻辱的。

爸爸把小布什哥俩叫到跟前，他怒不可遏地挥舞着手里的一只网球拍，将他们赶出门外，让他们为自己所做的事情负责，即去那个女孩家登门道歉。女孩家距他们家有两三千米的路程，而且路很难走，小布什和哥哥为了早些离开爸爸的视线，一开始走得很快，但是离女孩家越来越近的时候，他们却犹豫了，为难的情绪逐渐上升，他们明显地放慢了脚步。最后，他们还是不得不按响了门铃，当着女孩爸爸妈妈的面，承认了自己的错误。哥哥普雷斯先开口说：“我们为我们做的事感到非常抱歉。”接着，小布什嘟囔着说：“我再也不会这么做了。”

要勇于承担责任

虽然出身名门，有着很高的社会地位，但是小布什的爸爸并没有宠着自己的孩子。小布什也因此明白了自己应该对自己做的事负责，正因为这份责任心，他后来才登上了美国总统的宝座。

成长启迪

良好的责任心是要靠坚强的意志力和持之以恒的态度来维持的，而这恰恰是成长中的我们所缺失的。年轻人往往好奇心很强，兴趣爱好也很广泛，但做起事情来却只有几分钟的热度，不是虎头蛇尾，就是半途而废，稍微遇到一点困难和挫折，就打退堂鼓，不愿意再坚持下去，这是没有责任心的表现。其实，孩子做错了事，并没有什么大不了，只是应该学会负责，千万不能把责任推到别人身上，或者让父母替自己负责。

孩子的肩膀虽然稚嫩，但也应该能够承受生命中的一些分量。从小培养孩子的责任心，对自己的行为负责，别事事指望别人，这对孩子长大后勇于担当责任是一种很好的锻炼。当一个人亲身品尝到这种滋味后，做起事来就不会鲁莽、草率，因为他知道错误需要付出沉重的代价。

是否有责任心，是衡量一个人的重要标准。因此，从小培养孩子敢于担当的责任心，是培养我们健康人格的重要内容之一。

5 自己的路要靠自己走

——法国航天航空科学家冯·卡门的故事

成长故事

冯·卡门在很小的时候就已表现出了非凡的天赋，6 岁的时候，他的大哥曾不经意地问他：“15×15 是多少？”正在一边玩的冯·卡门马上回答道：“225。”这样准确无误，难道是偶然吗？二哥接着试探道：“924×826 是多少？”冯·卡门快速答道：“763224。”全家人都为之惊呆了。

冯·卡门的父亲莫里斯·卡门教授起初并不相信儿子的速算能力这样强，还以为他们几个孩子是串通好的，故意表演给大家看，所以他不以为然地接着问冯·卡门：“小宝贝，难道你还能算出 18876×18876 是多少吗？”冯·卡门只是略加思索就说出了正确答案：“356303376。”小小年纪面对这样大的数字乘法运算竟能口算得这样精准、迅速，真的是少见的聪明孩子，他简直成了全家人的骄傲。

为了培养冯·卡门成才，父亲为他找来许多名家的作品，让他仔细研读。

冯·卡门的潜力得到了很好的开发，他在父亲为其规划好的科研道路上走得一帆风顺。在21岁时，他便获得了硕士学位，6年后又获得博士学位。

可是经过一件事后，冯·卡门才真正明确了自己的科研方向。一次，身为科学家的冯·卡门去参加法国的航空表演，他与法国航空先驱法尔芒攀谈起来，他们之间有着一段精彩的对话。

冯·卡门对法尔芒发问道："我是研究科学的。有一位伟大的科学家，用他的定律证明了比空气重的东西是绝对飞不起来的，你能解释一下，飞机为什么会飞起来吗？"法尔芒以幽默的语言回答道："是那个研究苹果落地的人吗？幸好我没有读过他的书，不然，今天就不会得到这次飞行的奖金了。我以前只是个卡车司机，现在又成了飞行员。至于飞机为什么会飞起来，不关我的事，您作为教授，应该研究它。祝您成功，再见。"

聪明的冯·卡门

冯·卡门从与法尔芒的对话中，幡然醒悟，他惊悟道："现在我终于知道我今后该研究什么了。我要不惜一切努力去研究风以及在风中飞行的全部奥秘，总有一天我会向法尔芒讲清楚他的飞机为什么能上天的道理。"

从此，冯·卡门将毕生的精力都用于研究航天航空气动力学上，并取得了惊人的成绩。他对人类的现代生活产生了极其深远的影响，正是基于他的研究，时速3000公里的喷气式飞机、射程1200公里的导弹和星际火箭才成为当今的现实。

冯·卡门一生带过很多弟子，他曾和自己的弟子们说：“我的老师并不是那些世界级的权威专家，而是一位卡车司机，他的名字叫法尔芒。虽然他从不读书，但是他却教会了一个令我为之付出一生的人生真理，那就是千万不能盲目相信权威，自己的路要靠自己走。”

成长启迪

“千万不能迷信权威，自己的路要靠自己走”，这是冯·卡门在经历无数的世事后对他的学生们所做出的总结。

今天，我们很多年轻人都在按照父母或长辈指引的路线行走，重复上一代人的生活轨迹。作为父母和长辈，总认为他们走过的就是正确的，是最平坦的道路，而绝大多数的年轻人出于稳当考虑，也大多老老实实地接受了。鲁迅先生说过，世上本无路，走的人多了便有了路。我们的社会日新月异，每天充满机遇和挑战，只有敢于对习惯说“不”的人，才能真正享受生活过程的精彩。也许最后的结果算不上圆满，但至少多了一分希望，同时也丰富了自己，而那些墨守成规的人是永远和精彩无缘的。

每个人的人生归根到底要靠自己，家庭的优越条件，父母的社会地位，可能会帮助我们发展，但是内心成长还是要依靠自己，谁也帮不了我们。每个人都有属于自己的人生轨迹，没有人能为你标明方向。自己的路要靠自己走，自己要对自己的选择负责，认准方向，坚持不懈，我们才能走向成功。

6 好学善问，不迷信权威

——意大利物理学家和天文学家伽利略的故事

成长故事

伽利略出生在意大利的比萨城，他从小就喜欢动脑筋，凡事喜欢追根问底。他在学校学习期间，非常勤奋刻苦，各门功课都学得很好，并且还学会了拉丁文、希腊文和哲学。

老师，我有疑问

伽利略 17 岁那年，考进了比萨大学，在那里学习医学。他善于钻研，喜欢提问题，遇到问题不问个水落石出，绝不罢休。有一次上胚胎学课，教授讲母亲生男孩还是生女孩，是由父亲的体质强弱决定的。父亲身体强壮，母亲就生男孩；父亲身体比较弱，母亲就生女孩。伽利略边听边琢磨，他觉得教授说得不对。教授的话音刚落，他就举手说道："老师，我有疑问。"教授不高兴地说："你提的问题太多了！你是学生，上课时应该认真听老师讲，多记笔记，不要胡思乱想，动不动就提问题，影响同学们学习！"

伽利略却坚定地说："这不是胡思乱想，也不是动不动就提问题。我的邻居，男的身体非常强壮，可他的妻子一连生了五个女儿。这与老师讲的正好相反，这该怎么解释？"他不但没有被教授吓倒，反而还列举了身边的事实反问教授。教授不得不搬出了权威人士来压倒他，以使他闭嘴。"我是根据古希腊著名学者亚里士多德的观点讲的，不会错！"

伽利略铿锵有力地反驳道："难道亚里士多德讲的不符合事实，也要硬说是对的吗？我认为科学一定要与事实符合，否则就不是真正的科学。"顿时，教授被反驳得哑口无言，下不了台。

后来，教授实在是忍无可忍，便把伽利略的行为告到了校方，伽利略受到了校方的批评。但是，伽利略并没有就此而改变，他不屈于权贵、权威，依旧好学善问，为追求真理永不罢休。正因为这样，他才成为意大利伟大的物理学家和天文学家，成为一代科学巨匠。

成长启迪

不迷信权威，不论是谁的结论、谁的观点，我们都要在尊重的基础上持"怀疑"的态度，敢于提出疑问，提出自己不同的看法。

古往今来，许多有成就的大家们都是在"怀疑"权威的基础上成长起来的。社会进步所需要的就是不迷信权威、敢于向权威挑战的精神。一个人一旦失去了这种精神，就会变得保守，故步自封，最终导致无所作为。

我们尊重权威，但不要迷信权威，因为权威不等于真理。很多时候，正是由于轻信前人的结论，轻信权威理论，而束缚了我们的思维，使得我们不敢坚持自己的观点，盲目顺从，以致让一些发明、发现和自己的想法沉溺于对自己的不自信之中。所以，不要因为别人的权威迷失自己，我们唯有相信自己，才能有所突破，才能走出一条属于自己的路。

7 为追求正义而拼搏

——南非第一位黑人总统曼德拉的故事

成长故事

曼德拉出生在南非特兰斯凯一个大酋长家庭，幼年时的他就性格刚强。在白人专政的阴影下成长的他，非常崇拜民族英雄，强烈反对种族歧视，他对正义和理想的追求在童年时期就已初露端倪。9岁那年，他的父亲就去世了，他是家中长子而被指定为酋长继承人。但是他却拒绝了，他明确地表明自己的立场："决不愿以酋长身份统治一个受压迫的部族"，而要"以一个战士的名义投身于民族解放事业"。

我要成为一个寻求真正公正的人

由于经常目睹当地大酋长在解决部落争端过程中受到白人政府不平等法律的约束，童年的他立志要寻求黑人真正的平等权利，追寻正义。在学生时代，他曾多次领导学生运动，带领同学抗议学校不公平的法规，甚至还因此被学校开除。在“斗争”的磨砺下，他的志向越发清晰：要为南非的每一个黑人寻求真正的公正。

为了推翻南非种族隔离制度，曼德拉与之进行了几十年不屈不挠的斗争，更因此在狱中度过了漫长的27年，尽管受尽迫害和折磨，但他始终坚贞不屈，以其顽强的意志赢得了全世界人们的支持和喝彩。

终于在曼德拉的领导下，南非人民推翻了南非种族隔离制度。在南非首次不分种族的大选中，曼德拉当选为南非第一位黑人总统。

成长启迪

古希腊最伟大的哲学家亚里士多德认为，正义是百德之首，有正义感的人是真正有道德的人。正义是一个人的重要品质之一，是一个人的道德中最重要的部分，追求正义，也是人类永恒的主题。

成长中的我们，要为追求正义而拼搏，因为有正义感，所以做人才会堂堂正正，立得正、行得稳。为人正直是做人最基本的品德，是有正义感的基础。我们从小就应该树立以实际行动维护正义的意识。当然，不伤害他人、不侵犯他人的基本权利，是做人有正义感的最起码的要求，故意伤害他人身体乃至生命是最严重的非正义行为；当遇到非正义行为发生时，我们也应该以自己的勇敢和机智同非正义行为作斗争。

第十章

消除自卑，给自己鼓劲

你若说服自己，告诉自己可以办到某件事，假使这事是可能的，你便办得到，不论它有多艰难。相反的，你若认为连最简单的事也无能为力，你就不可能办得到，而鼹鼠丘对你而言，也会变成不可攀的高山。

——艾蜜莉·顾埃

1 反应迟钝的“笨家伙”

——物理学家爱因斯坦的故事

成长故事

爱因斯坦出生在德国一个叫乌尔姆的小城。刚刚出生的他，样子十分惹人喜爱，父母在他身上寄予了全部的希望。可是渐渐地，父母失望地发现：别人家与爱因斯坦年龄相仿的孩子都开始学说话了，而已经3岁的爱因斯坦却才“咿呀”学语。后来，连比爱因斯坦小两岁的妹妹都能与人交谈了，爱因斯坦却依旧行动迟钝，他不会清晰地进行语言表达，总是支支吾吾，前言不搭后语的。看着举止迟钝的爱因斯坦，父母不由得对他的智力产生了怀疑。

被人嘲笑的“笨家伙”

出于担心，直到爱因斯坦长到10岁，父母才送他上学。可是，在学校里，爱因斯坦因为学习成绩不好，各项活动跟不上，而被老师和同学嘲笑为“笨家伙”。爱因斯坦所在的学校要求学生上下课都按军事口令进行，而反应迟钝的他根本做不到，所以经常会受到老师的呵斥和罚站。有的老师甚至指着他的鼻子说："这鬼东西真笨，什么课程也跟不上！"

一次工艺课上，老师在众多的学生作品中发现了一个做得很不像样的木凳，他举起这个难看的凳子说道："我想，世界上也许不会有比这更糟糕的凳子了！"全班同学开始哄堂大笑，爱因斯坦红着脸站起来说："我想，这种凳子是有的！"说着，他从课桌里拿出两个更难看的凳子，说："这是我前两次做的，交给您的是第三次做的，虽然还不是很好，却比这两个强得多！"老师听了他的话被惊得目瞪口呆，哑口无言。

在无尽的讥讽和侮辱中，爱因斯坦慢慢地长大了，因为没有朋友，孤独的他开始在书籍中寻找乐趣和精神寄托，他在书籍和广阔的知识空间中自由地遨游。逐渐地，他的视野开阔了，头脑里思考的问题也越来越多。他善于思考，认真钻研，努力进取，终于使得当年那个被人们认为永远无法成才的"笨家伙"成为全世界公认的最杰出的科学家。

成长启迪

世界上没有完美的人，上帝在创造人的时候很公平：聪明的人往往不勤奋；智慧的人往往不表现……如何臻于完美，唯有靠后天修炼。

勤能补拙，古往今来我们一直坚信这四个字。"勤"是让我们走向成功的唯一方法。"拙"是指我们的不足之处。辛勤的劳动可以弥补我们的缺陷和不足。

辛勤是才能的基础。熟能生巧，勤能补拙。不要认为自己笨，不要给自己的思想套上"笨"的枷锁，不要对自己失去信心。天才出于勤奋。人脑越用越灵，人手越用越巧。我们所从事的事，越做才越有经验。"勤能补拙是良训，一分辛苦一分才。"伟大的成功和辛勤的劳动是成正比的，有一分劳动，就有一分收获，日积月累，从少到多，奇迹就会出现在我们的面前。

2 曾经的“坏小子”

——美国第四十四任总统贝拉克·奥巴马的故事

成长故事

奥巴马出生在美国夏威夷州的火奴鲁鲁，他的生父是位地道的黑人，而母亲则是白人。到了上学的年龄，母亲把他送到印度尼西亚雅加达郊区的一所学校里读书。可是那里的生活却并不如意，由于奥巴马继承了父亲的黑色皮肤，同学们都非常歧视他，甚至轻蔑地称其为“黑鬼”。他为自己是黑人而懊恼，便跑回家向母亲要钱买香皂，想要洗掉皮肤上的黑色，但是母亲却告诉他做黑人一点也不需自卑。

我要买香皂洗掉皮肤上的黑色

后来，奥巴马被送到美国夏威夷的外祖母家，头脑聪明的他，考入当地最好的学校。但这所学校一共只有三个黑人小孩，这使得他再次对自己的肤色产生了怀疑，尤其是在看到外祖母对黑人乞丐所表现出来的无限嫌恶时，更进一步加深了他对自己肤色的恐惧。

为了让自己自信些，奥巴马竟编谎话称自己的父亲是非洲王子，而自己是王室的后裔。奇怪的是，同学们竟相信了他的鬼话，于是他开始神气活现地与人交往。但是他的内心是矛盾的，无时无刻不饱受着煎熬，自信背后隐藏着自卑，快乐里蕴含着无限的痛苦与迷茫。

十几岁的时候，奥巴马与其他绝望的黑人青年一样，因为自己的肤色而自卑无望，认为自己前途渺茫，不知道生命的意义究竟何在。他曾有过一段时间自暴自弃，逃学、吸毒、泡妞等无所不为，这使他成为一个不折不扣的"坏小子"。大家对他都无可奈何，甚至一些教师预言：美国所有州的监狱随时向他敞开！

就在这个时候，母亲的生活态度影响了他。奥巴马的母亲当时为了考取博士学位，主动到印度尼西亚进行人类学工作。对于母亲的行为，奥巴马非常不解。母亲告诉他，一个人要有自己的追求，一个真正快乐的人会做自己喜欢的事情，并且有益于他人。

母亲对奥巴马说："奥巴马，我觉得你父亲是最帅最聪明的黑人，现在，你代替了他。"正是这种心灵的呼唤和鼓励，让奥巴马迷途知返，母亲的自信、充满干劲、敢爱敢恨、良好的修养和热心交往的人格魅力感染了他，并改变了他的人生。从此，奥巴马认同了自己的黑人身份，他努力学习，努力去帮助别人，努力追求进步，他一步步地走向成功，直至成为美国总统。

恐怕连奥巴马自己都没想到，当年那个冒牌非洲王子的后裔，有一天居然能成为美国总统，而这一切都是与他的母亲在他的人生中所起到的重要引导作用分不开的。

成长启迪

"做人要有追求，做自己喜欢的事情，并且有益于他人，这样才能获得真正的快乐。"奥巴马的母亲教育孩子的话给了我们很好的启示。

做人应该有所追求，追求是获得成功的前提。人类之所以进步，是因为人类有追求。世界球王贝利，一生共踢进两千多个球，其中不乏精彩绝伦之射门，可是，当人们问他所进的球中哪一个最漂亮时，他总是会说“下一个”。可见，贝利确实是一个有追求的人，正因为如此，他才能在球场上叱咤风云，为球迷献上了无数精彩瞬间。

一个没有追求的人，他的前程注定黑暗；一个没有追求的人，他的人生注定平淡；一个没有追求的人，他的成功注定只是昙花一现。没有追求，就没有前进的动力。我们应该从小树立自己的理想，努力拼搏，不满足于现状，做一个有追求的人。

3 身有残疾，心却不残

——英国著名诗人拜伦的故事

成长故事

拜伦小时候长得很漂亮、很可爱，可是当他学走路时，母亲才发现他走起路来一瘸一拐的——拜伦的腿竟然有残疾，他是个瘸子。为此，母亲很伤心，尽管为他请过很有名的医生来诊治，但还是没有治好。

由于腿有残疾，拜伦幼小的心灵受到了许多伤害，他很忌讳别人谈起他的生理缺陷。有一天他走在街上，有个女人既称赞他长得可爱，又可怜他腿有残疾。拜伦听后自尊心受到了严重的挫伤，他十分生气地举起手中的玩具皮鞭抽向那个女人，并大喊让她闭嘴。

拜伦由于残疾形成的心理问题，被母亲看在眼里，为了纠正孩子的这种心理，她和拜伦谈起她们家的高贵血统以及家族的悠久历史——家族中曾出现过的英雄和航海家。母亲告诉拜伦，他有着其他孩子所不曾拥有的骄傲。小拜伦从母亲那里了解到自己也有胜过别的孩子的地方，心里也就平衡了许多。

拜伦 5 岁时，母亲为了抚平他心中的伤痕，让他开心起来，早早地送他去上了学。不久，她就发现仅靠有限的学校教育远远不能实现她的计划。她要让小拜伦在学习上超过别的孩子，于是她请了两位大学教授做拜伦的家庭教师，要他们教小拜伦学习历史、拉丁文和宗教。拜伦非常聪明，成绩很优秀。为了开拓他的视野，母亲还为拜伦买了不少的书。拜伦最喜欢其中一本描写他的祖父指挥海战的书，他把其中的许多情节背下来，然后讲给别人听，每当与他人讲起这些的时候，他的言谈中无不充满了自豪。

母亲经常鼓励拜伦，让他忘掉自己的病腿，要他记住自己是一个正常的人，自己会做得比别人更优秀。

积极参加体育活动，战胜自己

中学毕业后，拜伦到了名震全国的哈罗公学上学。刚入学时，一些同学因为他的腿有残疾而嘲笑和捉弄他。这时的拜伦不再抱怨，他已清楚地知道要征服别人必须要靠自己的真才实学。所以，他就更加努力地学习，没过多久他就以渊博的知识获得了同学们的尊敬与喜爱。

在母亲的关心、关怀和帮助下，拜伦摆脱了心灵上的阴影，成为一位备受世界人民尊重和喜爱的杰出诗人。

成长启迪

著名心理学家阿德勒说："由身体缺陷或其他原因引起的自卑，既可以摧毁一个人，使人堕落；也能使人发愤图强，力求振作，从而超越自卑，补偿缺陷，甚至能做出胜过常人的成就和贡献。"

任何人都不是完美的，谁都存在缺点。而人活在这个世界上，都不是为了揭开他人的缺点而活着的。相反，因为我们自己害怕缺点的存在，而把缺点无限放大，认为自己的缺点一定会被人嘲笑，而实际上并不是这样。我们身边的许多人，并没有因为缺点就不存在。

每个人的心理或多或少都有着一些自卑，只不过有的人在控制着，有的人任其泛滥。其实，我们没有必要在意那点小小的自卑，我们越在意它，它就越强大；我们不在意它，它反而会消失。只要能紧紧地把握住自己，勇敢地挑战自卑，奋力进取，永不言败，胜利就会属于你。

4 "卑微"是给自己人生上的第一课

——中国著名影星周星驰的故事

成长故事

周星驰这位活跃在银屏上的著名影星，用他精湛的演技给亿万观众带来了欢乐与感动，然而他的成名之路却是一路坎坷。

在中学时代，周星驰便已立志成为一名电影演员，可现实与梦想之间的距离总是很遥远。为了谋生，他曾做过茶楼的跑堂、电子厂的工人、电影剧组的杂役。在最初的剧组工作时，他只是做些诸如帮人买早点、洗杯子、搬道具之类的小差事，根本没有机会参加演出。但是，他没有放弃自己的梦想，而是为实现自己的梦想一直不断地努力着、拼搏着。

3年之后，周星驰终于等到了上镜的机会，可只是饰演一些仅有几句台词或根本就没有台词的小角色，因为电影圈内帅哥美女如云，根本没有哪个导演会看重他。壮志未酬的他便转行做了儿童节目主持人，而且一做就是4年。他的主持灵活、有趣，风格独特，受到了孩子们的欢迎。然而，一篇记者的反面报道却激发和坚定了他要成为电影演员的决心。

我对小人物的感情刻骨铭心

当时，一位记者写了一篇题为《周星驰只适合做儿童节日土持人》的报道，说他凭借做鬼脸、瞎蹦乱跳的功夫只能哄孩子们高兴，根本不具备表演天赋。这深深刺痛了周星驰的心，他发誓一定要演一部像样的电影来证明自己的实力。为了时刻提醒和勉励自己，他把这篇报道打印出来贴在墙头。于是，他选择了义无反顾地舍弃眼前的一切，重新回到剧组跑起龙套来。在他人的冷眼相待与呼来唤去的日子里，他从不轻易放弃任何学习和演出的机会，即使是饰演一些一闪而过的小角色也绝不怠慢，在每次表演时他都会全力以赴地将自己最独特的表演风格展示出来。

经过在电影界最底层的努力打拼，苦苦地挣扎，周星驰终于改变了被动局面，并得以大展拳脚。在他的喜剧作品相继播出后，周星驰当之无愧地成为大众心目中的“喜剧之王”。周星驰的影片从20世纪90年代开始便年年入选十大票房，而且他的演技受到了国际上的认可，好莱坞已多次翻拍他的电影，意大利也举办了周星驰电影周。周星驰以自己独创的表演风格，成为香港甚至全世界通俗文化的重要一环。

回忆自己走过的路程，周星驰不无自嘲地说：“有些人说我最辛酸的经历是扮演《射雕英雄传》里面一个被人打死的小兵，但是我记得这好像不是，还有更小的角色，剧名至今也不清楚，只知道应该不是现代的，因为穿古装。一大帮人，我站在后面，镜头只拍到帽子与后脑勺。那种感觉对我来说相当重要，因为这使我对小人物的百情百味刻骨铭心。”

成长启迪

在现实生活中，大多数人都没有很多财富，不是大明星，也没有靠山，开始走向人生时都会经历许多艰难与曲折，饱尝世事辛酸，最后才能如愿以偿地达到自己的梦想。人生其实就是这样，充满了梦想与挫折，奇迹与艰辛。没有人生下来就是大人物、大明星，但即使是扮演再普通的小角色，也要用心把他演得最出色。许多人的经历都告诉我们：卑微是人生的第一课，只有上好这一堂课，才有机会使自己的人生光彩夺目。

卑微并不可怕，不思进取才是最不能容忍的。莎士比亚说过：“有一类卑微的工作是用坚苦卓绝的精神忍受着的，最低陋的事情往往指向最崇高的目标。”无论我们在社会上属于大多数人群中“小人物”，还是“大人物”，每个人的生命都重于泰山，每个人的理想都是崇高的。

5 被母亲咒骂的将军

——英国名将蒙哥马利的故事

成长故事

“二战”时著名的将军蒙哥马利以其卓越的军事领导才能被称为“真正的军事天才”，在世界军事领域，也享有崇高的威望。然而，这样优秀的他，小时候却被母亲诅咒，说他将来只能当炮灰，什么也做不成。

原来，蒙哥马利出生在英国伦敦的一个牧师家庭，父亲 34 岁时娶了年仅 16 岁的他的母亲，在这个典型的“老夫少妻”型的家庭中，丈夫对妻子宠爱有加，年轻的妻子也就是蒙哥马利的母亲，她洁癖成性，十分讨厌肮脏和不整洁。可年幼的蒙哥马利十分顽劣，他整天把自己弄得很脏，母亲对他感到十分头疼。

你除了当炮灰，将来什么也做不成

年纪尚轻的母亲已经有四个孩子了，繁杂的家务使她对孩子们没有足够的耐心，她根本无法忍受蒙哥马利一次次地把自己整理好的家弄得一塌糊涂。因此，母亲越来越不喜欢他。一次，蒙哥马利在家无意间闯了祸，致使母亲对他狠下诅咒。事情是由父亲送给母亲的一个漂亮鱼缸引起的。对于这个鱼缸，母亲非常喜欢，将其视为珍宝，并不让孩子们靠近。可好奇心极强的蒙哥马利趁母亲不注意偷偷地接近了鱼缸，结果不小心将鱼缸打破了。母亲实在气极了，口不择言地对他大声叱责一番，并说蒙哥马利除了当炮灰，将来什么也做不成。

母亲的话说得太重了，她并没有意识到这句话会给蒙哥马利带来多大的伤害。蒙哥马利也没想到这种诅咒的话竟出于自己的生身母亲之口，他被惊呆了！从此，他性情大变，开朗顽劣的他开始变得小心翼翼，每天都要看母亲的脸色行事。这竟出人意料地培养出了他的观察力。更值得庆幸的是，母亲的诅咒没有让他就此沉沦，还从客观上培养了他的意志力。因为一个整日生活在母亲的责骂中的小孩子，他已没有了对母亲及他人的依赖感，凡事都自己独立去面对、观察与思考，他早已对困难或逆境习以为常了，他也习惯了在他人的非议中做自己要做的事情，坚定而无悔。

蒙哥马利在桑赫斯特军事学院毕业后，以一个普通士兵的身份参加了第一次世界大战。之后凭借自己的力量由士兵一步步地成长起来，最后成为一名伟大的将军。

蒙哥马利在自己的回忆录中写道："可以说我的童年是不幸的，这种不幸完全来自于我的母亲，在她眼里，我不过就是一团炮灰。可是，我的母亲说对了一半，我的确开了炮，而且不只一门，但是我没有成灰，我童年吝啬的母爱所带来世人对我的嘲笑、蔑视的刺激，形成了我坚韧不拔的意志和天赋的智慧，没有这种品质，我不会成为后来的蒙哥马利。"

成长启迪

因为我们平凡，我们可能会受到一些他人的漠视。我们可以允许别人漠视我们，但是我们绝不允许自己漠视自己。我们不能漠视自己的权利，不能漠视自己的生命，不能漠视自己的心灵，不能漠视自己的健康，不能漠视自己的人生，等等。漠视自己，就等于认可别人对我们的漠视；漠视自己，就等于自我放弃。

我们可能平凡得一辈子也难以达到蒙哥马利将军的成功高峰，但我们每个人都和蒙哥马利将军一样，遇到过被人漠视的处境。在这种艰难的处境中，我们有必要和蒙哥马利将军一样，让事实证明自己行，让漠视我们或者看低我们的人看看，他们的漠视是一个多么大的错误。

不论谁漠视我们，不论谁说我们不行，我们自己都要挺直腰杆，对自己说“行”。

6 坚持做自己感兴趣的事

——诺贝尔生理和医学奖获得者多伊西的故事

多伊西出生的时候，正赶上美国经济危机，当时成千上万的工人失业，而很多从事工程技术方面的人员所受到的波及却很小。于是，父亲一相情愿地认为孩子长大后只有做工程师才能生活相对稳定。因此在多伊西上学后，父亲对他管教很严格。而多伊西却有着广泛的爱好，他对生物、化学、物理、伦理学、哲学等方面的知识都很感兴趣，聪明的他将大部分精力都投入到自己感兴趣的知识上，但是对学校的课程仍可应付自如。

上大学的时候，父亲坚持让他进入伊利罗斯大学工程学院学习。因为他的志趣不在工程学方面，他将精力都用于自己非常迷恋的生物化学上，所以所学的课程成绩不佳。在老师和同学的眼里，非常用功的他，第一学期的每科功课竟然只勉强及格，这种结果令他身边的人觉得简直不可思议。后来，当老师知道他是由于听从父命才学习工程学，而真正感兴趣的是生物化学时，老师将情况汇报给学校，他被学校及时转换了专业，即转入了应用科学院的生物化学系，而父亲此后也没有再干涉。转专业后，多伊西的成绩很快就直线上升。

要坚持做自己感兴趣的事

改专业给多伊西带来了巨大的成功，在生物化学的领域中，他释放出了自己的天才和光芒。由于多伊西成功地将自己研制的维生素 K 用于临床对出血性疾病的治疗贡献非常大，1943 年，他因此获得了诺贝尔生理和医学奖。

成长启迪

大哲学家罗素在介绍自己成功的经验时说，他的人生目标就是使“我之所爱为我天职”。意思是说，他把生活中最感兴趣的事作为其终生职业。成长中的我们，对于自己应该走什么样的路有时很迷茫，多伊西坚持做自己感兴趣的事给了我们很好的启示，即要确定自己终生的奋斗目标，首先要问问自己的兴趣究竟在哪里。

有人说，你的兴趣在哪里，你的成功就在哪里。有了兴趣，就等于成功了一半。了解自己很重要，知道自己的兴趣在哪里更重要。

第十一章

要成大事，先做好小事

一旦我们不停地关注那些我们能够完成的小事，不久我们就会惊奇地发现，我们不能完成的事情实在是微乎其微。

——塞·巴特勒

1 做好了就有机会

——《今日美国》总编艾伦的故事

成长故事

有一个叫艾伦的美国孩子，从小就非常上进。9 岁的时候，艾伦和几个哥哥到祖父的农场玩，他们看到在牧场放牧马匹是一件十分自在和有趣的工作，就都想为祖父放牧马匹赚点零花钱。祖父没有答应他们，却给了他们赤手捡牧场上的牛粪饼的工作。对于这份工作，几个哥哥都嫌脏，不愿意做，他们边干边玩，甚至干脆不干了，而艾伦却不嫌脏、不怕累，干得很认真。到了下午祖父来检查时，艾伦干得最好，捡得最多。由于艾伦在捡牛粪饼的工作中出色的表现，祖父把放牧马匹的差事交给了他。

只要做好了，就有机会

这件事使小艾伦受到了启发，他坚信这样的人生信条：自己手里的工作无论多么低贱，只要做好了，就会获得更好的工作机会。

上中学时，因为家里生活比较贫困，艾伦找到了一份肉铺帮工的工作，他十分珍惜这个工作机会，将这份常人眼里非常恶心的工作做得很出色。因为艾伦的热心服务为老板带来了许多回头客，老板的生意越来越好，为了留住艾伦，老板把艾伦的薪水从最初的每周1美元涨到了10美元。

大学毕业后，艾伦换了一份工作，做了《迈阿密论坛报》的记者。艾伦仍然不辞辛苦地努力工作着，他一直牢记自己的人生信条：做好了，就有机会。由于他的努力，他很快就从普通的记者，提升为一名每星期可挣50美元的美联社记者。更由于他的努力和认真负责打动了一位大富豪，艾伦被聘为该富豪的公司的首席执行官，年薪为150万美元。后来，他成为美国发行量最大、读者群分布最广的报纸《今日美国》的总编，年薪也远远超过150万美元。

成长启迪

不论什么工作，艾伦都认真去做好，也由此使得他不断地受到了机遇的垂青，由每星期1美元的小工做到年薪超过150万美元的总编，一步一个脚印地走向了人生的成功。艾伦的人生信条告诉我们：最要紧的是把我们眼前的工作做好，哪怕眼前的工作是那么的低贱。因为做好了，低贱的工作也能成为我们成功的阶梯。

别轻视自己所做的每一件事，即便是最普通的事，我们也应该全力以赴，尽职尽责地去完成。认真做好眼前的每一项工作，就是在抓住每一次机会。不要担心没有人赏识你，也不要总是感到被低估，要相信“是金子总会发光的”，相信我们的才能总会被人发现的。只要我们一步一个脚印，做好身边的每一件工作，机会一定会光临我们。做好了就是机会，机会只会光临那些有准备的人！

2 把厕所打扫得比厨房还干净

——麦当劳执行总经理查理·贝尔的故事

成长故事

一个叫查理·贝尔的澳大利亚男孩，在他15岁时，因为家境极其贫寒，迫于生计来到麦当劳求职。他找到麦当劳店的店长，请求给他一份工作。店长打量了一下他：面色苍白、身体瘦弱不堪，一看就是营养不良，更何况他的穿着是那样土气，形象真是糟透了。于是，店长以暂时不需要人为由委婉地拒绝了他。

可是，几天后查理·贝尔又来了，他言辞更加恳切地请求店长给他一份工作，即使是没有报酬的工作也行。店长沉默了片刻，这让贝尔觉得还有一线希望，于是他小声地说："我看到您这里厕所的卫生状态似乎不是太好，这样也许会影响您的生意。要不，安排我扫厕所吧。只要给我解决吃住就行了。"店长想了想，答应了让贝尔扫厕所试试看。

查理·贝尔没有把扫厕所看成是没有出息的工作，他觉得这是他人生的起点和事业的基石。

每天清晨，在天还没亮前他就早早起床，把厕所彻底清扫一次。然后，每隔一段时间就去维持。逐渐地，他在扫厕所的工作中竟然摸索出了规律：要先扫大的纸张，再将那些湿脏的地方洒上干灰，这样干灰会把水吸干，然后再扫，效果比直接扫要好得多。他时刻不忘自己的职责，即使是半夜起来也要查看一番，看厕所是否弄脏了。

贝尔将所有的心思全部放在了厕所上。为了改善厕所的环境，他想办法在厕所里摆放了些花草，又将自己记得的谚语警句写在纸上贴在厕所的墙上，这样不仅让人在如厕时感觉到干净，还能够感觉到优雅和舒适，享受到无处不在的文化魅力。在他的精心工作下，店里的厕所卫生状况大为改观，很多顾客都说这里的厕所要比那些不太讲究的餐馆还要干净。

把厕所打扫得比厨房还干净

查理·贝尔在工作中的努力表现令店长很感动，在试用了三个月后，店长就正式录用了他，安排他去接受正规的职业培训。之后，店长又用心良苦地将他放在店内的各个岗位进行锻炼。

19 岁时，贝尔已经升职为澳大利亚最年轻的麦当劳店面经理。他始终对自己的工作充满了热忱，总是那样尽职尽责。1980 年，他被派驻欧洲，很快他在那里的业务便蒸蒸日上。之后，他用自己的努力和卓越表现赢得了一次又一次的升迁机会，从麦当劳澳大利亚公司总经理的职务升迁为亚太、中东和非洲地区总裁，然后又升职为欧洲地区总裁及麦当劳芝加哥总部负责人，直到后来担任管理全球麦当劳事务的执行总经理。

成长启迪

一件事情，我们要做就要把它做好。正如查理·贝尔在总结自己的经历时说的，扫厕所是对他最深刻的教育。一件事，你可以不去做；可是如果你做了，就要全力以赴地去做。

人的一生，有很多难以预料的事，特别是成长中的孩子，不知道自己能做什么，不知道自己应该做什么，但是只要有一个良好的心态，很多事都能做好。有一句话说得好：“在一段时间内，全力以赴做好一件事，其实就已经很成功了。”

不要小看生活中的每一件事，即使是特别小的一件，也应该全力以赴、尽职尽责去完成。只有一步一个脚印地向上攀登，才不会轻易跌倒。

3 先把桌子擦干净

——麦当劳创建人雷·克洛克的故事

成长故事

雷·克洛克小的时候家境并不富裕，十几岁的他决定一边打工挣钱一边上学。他来到一家快餐店打工，起初老板为他安排了一个专门擦桌子的工作，这使他觉得毫无干劲儿，所以只干了一天就溜回了家。

克洛克将自己的打工情况告诉了父亲，并诉苦道：“我的理想是做老板，不是擦桌子。”父亲听后没有反驳他，而是叫他先把自家的餐桌擦干净。克洛克拿来毛巾，随意在桌子上擦了一遍，然后等父亲来验收。父亲拿来一块白毛巾在桌面上轻轻带过，毛巾立即脏了。父亲指着桌子语重心长地说：“孩子，擦桌子是很简单的活儿，可是你连桌子都擦不干净，还能做好什么，凭什么做老板？”听了父亲的话，克洛克感到很羞愧。他再次返回到快餐店，这次他改变了工作态度，将父亲的教诲铭记在心，每次擦桌子时，都要准备 5 条毛巾，按照同一个方向依次擦 5 遍，这样毛巾就不会重复污染桌面了，桌面也被他擦得干干净净。有努力就会有回报，克洛克得到了老板的赏识，也积累了宝贵的人生经验。

此后，雷·克洛克当过救护车司机，卖过咖啡豆，弹过钢琴，做过业务员和推销员，直到52岁时，他才营建了世界上最庞大的快餐王国——麦当劳。

先把桌子擦干净

雷·克洛克的成功有目共睹，当人们向他讨教成功秘诀，他总会想起父亲的教诲，无限自豪地说："因为我有一个伟大的父亲，他教会了我怎样才能把桌子擦得最干净。"

成长启迪

把桌子擦干净，看似是一件很小的事，但小事不小，能把小事做好的人，才能成就大事。

先哲老子曾说："天下难事，必做于易；天下大事，必做于细。"它精辟地指出了想成就一番事业，必须从简单的事情做起，从细微之处入手。

今天，许多人总不屑一顾于小事和事情的细节，这是不利于个人的成长和进步的。不要小看小事，不要讨厌小事，只要有益于自己的工作和事业，无论什么事情我们都应该全力以赴。用小事堆砌起来的事业大厦才是坚固的，用小事堆砌起来的工作才是真正有质量的工作。“勿以善小而不为，勿以恶小而为之。”细微之处见精神。有做小事的精神，才能产生做大事的气魄。

4 厕所里掏到了珠宝

——香港新世界集团创始人郑裕彤的故事

成长故事

全球华人十大富豪之一、珠宝大王郑裕彤原籍广东，在他 13 岁那年，因为家境贫穷，不得不背井离乡来到了澳门，投靠父亲的一个开金铺的朋友，在那里做小工。

小工的工作琐碎而辛苦，每天重复着扫地、擦灰尘、倒痰盂、洗厕所等，然而郑裕彤并没有因此而嫌弃自己的工作，相反，他将这些工作做得非常细致。他几乎每天都是第一个到公司，在开店之前将地板拖得亮如明镜，将柜台擦拭得一尘不染，从不因为这些活卑贱而懈怠，也从不曾有过任何抱怨。自从他来工作后，金铺里的卫生变得非常好。因为厕所被他打扫得特别干净，以至于一名没有吃早餐的员工躲到厕所里偷吃零食，不巧的是被老板发现了。老板并没有对那名偷吃零食的员工进行处罚，而是将做小工的郑裕彤叫到办公室，询问他为什么会对那些最低级的工作能如此认真、用心。他紧张了半天才说道：“如果连小工都做不好的话，其他工作一定也做不好。”

就这样，郑裕彤仍旧每天坚持尽职尽责地对待自己的工作，还利用自己的工作之余帮助大工们打下手。渐渐地，他几乎熟悉了金铺里所有岗位上的工作。

3 年后，郑裕彤被破格提升为金店掌管，老板和员工解释说：“一个能够认认真真将厕所都打扫得可以让人躲进去吃零食的小工，做任何事情都会认真负责。”又过了几年，金铺老板竟将自己唯一的女儿嫁给了他。原来老板和他的父亲是患难之交，他和老板的女儿是“指腹为婚”，通过这些年的观察，老板发现他是个值得托付的人才，才放心将女儿嫁给了他。

做一名最出色的小工

郑裕彤凭借自己的努力，赢得了施展才华的空间，他在工作上投入了更大的精力。经过潜心经营，他最终创建了大名鼎鼎的香港新世界集团，并以300亿港元的身价位列于香港第三富豪。郑裕彤的成功要诀用他的话来说只有一句：“做一名最出色的小工。”

成长启迪

做一名出色的小工，因为连小工都做不好的人，很难做好其他工作。而做好了小工的人，才有机会经营整个人生。郑裕彤就是个好例子，他因为将小工做得优秀，在厕所里获得了珠宝。

正如刘备去世前给其子刘禅的遗诏中所说的：“勿以恶小而为之，勿以善小而不为”。对于我们来说，做大事必从做小事开始。在现实生活中，想做大事的人很多，但愿意把小事做好的人却很少。有人说：“我们不缺少雄韬伟略的战略家，而缺少的是精益求精的执行者。”细微之处见精神。生活就是由这些平凡的小事累积成整个人生，做好平凡小事的人，才有可能成就伟大的事业。“积沙成塔，集腋成裘”，一个人连自己分内的小事都做不好，很难设想他能做好其他大事。

5 没有小问题

——法国著名物理学家李普曼的故事

成长故事

法国著名的物理学家李普曼出生于法国的一个知识分子家庭，他的父母是有文化修养的贵族教师。他们对待学问的态度是严肃认真、一丝不苟的。由于家庭环境的熏陶，李普曼养成了良好的求学态度和意志品质。

不是小问题

有一次，父亲给小李普曼布置了30道数学题，在不到40分钟的时间里他就做完了，然后将答案交给父母，自己跑出去玩了。在检查完他的作业后，父亲把小李普曼找回来，让他看看自己做的题，并严肃地对他说：“你看这题，错在哪儿？”

小李普曼拿过题一看，有两道题是由于自己的粗心做错的。李普曼却不以为然地说：“小问题，我改一下。”

父亲听后十分郑重地告诉他：“这并不是小问题，以后做完作业一定要认真检查，不能再犯类似的错误！”听了父亲的训斥，李普曼羞愧地低下了头。从此，他无论做什么都更加严格地要求自己。

父母亲对李普曼学习上的严格要求，培养了小李普曼一丝不苟、严肃认真的求学态度和严谨的钻研精神，正是因为这种“没有小问题”的态度，使得他在电学、热学、光学和光电学的研究方面成绩卓著，并因发明了彩色照片的复制方法而获得1908年度的诺贝尔物理学奖，成为世人瞩目的物理学家。

成长启迪

成长中的我们也应该学习这种“没有小问题”的态度，无论是学习、做事，还是为人，只有注重小问题，我们才能解决好大问题。其实，有些细小的错误，常常是我们的做事态度出现问题而引起的，如果不及时纠正，我们往往会养成不良的做事习惯，或者价值观出现偏差。

做事情忽略细节，这是我们在学习和生活中容易犯的错误。百分之一的错误，就有可能导致百分之百的失败。正是从这个意义上说，错误无大小。不要认为小事无大碍，总是出现小问题，养成了做事马虎草率、放纵细枝末节的习惯，就容易酿成大错。

6 善待你的每一份工作

——美国《时代》杂志总编葛朗华的故事

成长故事

第二次世界大战时期，葛朗华正值风华正茂，他历尽艰辛地逃出了希特勒统治下的祖国——奥地利，来到了美国。当时他人地两生，要完全靠自己吃力地打拼，才能谋得生计，他费尽周折才在当时美国的《时代》杂志的外国新闻部找到了一份送稿件的工作。他的工作非常简单，只要是四肢发达的人几乎都能做。全部工作就两道程序，即先把作家们的稿件油印，然后送到另一栋大楼的外国新闻编辑部去。

善待你的每一份工作

虽然这是份单调、乏味的工作，但对葛朗华来说也是来之不易的，因此他十分珍惜，从不偷懒。尽管这份工作如此简单，但是他送稿的速度却总比别人慢。更与其他送稿员不同的是，他总是一边走一边读这些文章，并以自己的理解为这些文章编分章节、拟作标题等。当他将稿件送到外国新闻编辑部的时候，一份更出色的文章编辑建议往往已经拟定好了。慢慢地，编辑部开始注意到他以及他的才华。

多年后，葛朗华对工作的认真态度和敬业的精神，像金子般在那些得过且过的平庸的同事中独放异彩，他终于成为《时代》杂志的总编。

成长启迪

善待你的每一份工作，不管你是喜欢还是不喜欢，养成一个好的工作习惯是最重要的。多动一点手，多做一些事情，多动一点脑，多思考一些问题，你并没有损失什么。相反，你还可能比别人多一次机会、多一点收获，这会影响你的一生，干好一份工作和混一份工作的区别就在于此。

有人说：与 80% 的失败者相比，成功者在心态上自信多一步、积极多一步、执着多一步、乐观多一步；在规划上新奇多一步、诱惑多一步、变化多一步、展望多一步；在行为上聆听多一步、观察多一步、表达多一步、思考多一步；在实干上胆略多一步、创新多一步、尝试多一步。这 15 个“多一步”，就是 20% 的成功者与 80% 的失败者的一步之遥。我们之所以强调“成功者只是比别人多走了一步”，其道理就在于此。这是人生的经济学，是人生的运筹学，我们应该好好地经营人生，完善人生。

第十二章

鼓舞的力量，给人信心和希望

人必须像天上的星星，永远很清楚地看出一切希望和愿望的火光，在地上永远不熄地燃烧着火光。

——高尔基

1 好未来是可以预测出来的

——英国著名作家查理斯的故事

成长故事

英国作家查理斯自幼便酷爱文学，他除了帮助父母做家务以外，将剩下所有的时间都用在读书和练习写文章上了，他曾投过稿，却一直只字未发表。

一天，查理斯出去散步，当他想随笔写点什么的时候，才发现包里的习作本不见了。他急忙顺着原路往回找，这时他遇到了在他的文学创作道路中至关重要的一个人，那是一个老太太，她站在那，手里正拿着查理斯的本子。查理斯连忙上前说明这个本子是他不小心掉的，希望老太太能还给他。老太太好奇地问他本子里写的是什么，查理斯不好意思地告诉老太太说都是他写的文章。老太太把本子递还给他，告诉他说："我刚才看了，文章真的不错。知道吗，我能预测别人的未来，你今后一定会是个作家。"查理斯谢过了老太太，虽然他一直把这件事埋藏在心底，但是他却认为自己根本没有那种文学的天赋，而且就他贫困的家庭情况而言，家里根本没有办法为他提供更好的学习写作的条件，而挣钱要比写作实际得多。

中学毕业后，查理斯就四处寻找工作，只要能挣钱就做。他当过酒店招待、推销员、修理工，可是却都不能干得长久，每次都因一点小事而被辞退。时运不佳的他在亲戚的帮助下，进了一家公司做文员，虽然薪金不高，但他很知足，因为这好歹算是个体面的工作。可倒霉的事再次发生在他的身上，不久公司又倒闭了。一连串的失业，令查理斯感到非常沮丧，他不知自己该何去何从。在山穷水尽的时刻，查理斯忽然想起了一直埋藏在自己心底的那位与他邂逅的老太太的话，也许正如老太太所说，自己应该是一位作家，于是他便开始构思要写一部小说。

文章写得真不错，你今后一定会是个作家

然而，写作的道路并非一帆风顺。经历过无数的挫折，面对过无数的困难，查理斯始终将老太太的话当作鼓励自己前进的动力，他咬紧牙坚持了下来。终于他的小说完成了，他以自己的经历为脚本，将这些年所感受到的世态炎凉，将穷人和富人悬殊的精神和物质世界用一个个故事表现了出来。小说一发表，立刻受到众多读者的欢迎。

成名后的查理斯没有忘记在他最困惑和迷茫时为他指点迷津的老太太，他找到了老太太的女儿，向她诉说了自己的感激之情。老太太的女儿不解地瞪大了眼睛说："我的母亲根本不识字啊！"听到老太太的女儿这样说，查理斯更是感动万分。

成长启迪

不识字的老太太的鼓励，使得查理斯成为一名著名的作家。可见，鼓励的力量是多么巨大。

有人说："鼓励能使人充满自信，能使人超越自我。"鼓励是火种，它可以点燃人们心中的希望和信心之火；鼓励是种子，只要埋下，不论多么厚的土层，终究能够破土发芽；鼓励是阳光雨露，滋润着破土的幼苗茁壮成长；鼓励是推进器，激励着人们更疾速地到达成功的终点。

生活中，我们常常希望得到别人的鼓励，得到别人的认同和肯定，哪怕是一个信任的眼神，一句温暖的话语，都会烙下永久的印痕，都会成为我们前进的动力。

多鼓励别人，给别人以前进的力量；多接受别人的鼓励，也让自己奋发进取。要相信，鼓励的力量是无穷的。

2 鼓励出来的州长

——美国历史上第一位黑人州长罗杰·罗尔斯的故事

成长故事

在纽约的一个声名狼藉的贫民窟里，生活着一群黑人孩子，他们在那肮脏、充满暴力的环境的熏染下长大，从小就不服管教，喜欢旷课斗殴，偷窃吸毒。罗杰·罗尔斯是这群孩子中最无赖的一个，他经常怂恿其他孩子惹是生非，没有人能管束得了他。被气极了的邻居们诅咒他："恐怕只有他搬进牢房的那一天，这里才会太平。"在学校，只要他在，老师甚至都无法上完一堂完整的课。

一天，罗杰·罗尔斯又想旷课出去玩，他刚想翻学校院墙时，恰巧被校长保罗先生撞到。保罗校长并没有大声责骂他，反而友好地拉起他肮脏的小手，心平气和地对他说："我一看你修长的手指，就知道将来纽约州长非你莫属。"一贯我行我素、什么都不在乎的罗尔斯此时却被惊呆了。保罗校长接着将他的手握紧，肯定地说："相信我，孩子！我会看手相的，将来你一定是个伟大的人物。”

将来纽约州长非你莫属了

保罗校长的这一句话，彻底改变了罗杰·罗尔斯，他的行为发生了翻天覆地的变化。每当伙伴们喊他逃学或打架时，他都会以自己是将来的州长为由坚决地回绝。他开始学得绅士起来，他一改从前那又脏又邋遢的打扮，话语间也不再有污言秽语，他衣着整洁、彬彬有礼；为了让自己成为一名学识渊博的州长，他开始努力学习，奋发进取。

就这样，罗杰·罗尔斯由原来的“坏孩子”变成了班主席，并且考上了美国著名的大学，逐渐成长为一名出色的政府官员。他一直向着既定的当州长的目标而努力，51 岁那年，罗杰·罗尔斯的理想变成了现实，他真的当选为美国历史上第一位黑人州长。

成长启迪

渴望赏识是人性的弱点，也是人性的优点。日常生活中的人们，无一例外地都渴望得到他人的赏识。赏识，可以帮助我们建立自信心；赏识，可以培养我们的责任感；赏识，可以激发我们不断地追求创新；赏识，更可以促使我们完善自我。

比尔·盖茨读大学期间曾寄给母亲一张问候卡：“我爱您，妈妈！您从来不说我比别的孩子差；您总是在我干的事情中，不断寻找值得赞许的地方；我怀念和您在一起的时光。”这位独步天下的富豪，从母亲那里得到了一份被许多母亲忽视了的东西，那就是——赏识。

美国心理学家詹姆斯说过：“人类本质中最殷切的需要是渴望被赏识。”有时给鲜花比给鞭子更有效，而且喜欢赏识别人的人往往处事积极乐观，受人欢迎，受人尊敬；而经常指责、抱怨别人的人往往没有朋友，孤单落寞。“送人玫瑰，手有余香”，学会赏识别人，也学会接受别人的赏识。一个不经意的赏识，或许就能改变一个人的一生。

3 全郡最坏的男孩

——美国现代成人教育之父卡耐基的故事

成长故事

美国现代成人教育之父卡耐基出生在密苏里州乡下的一个贫苦人家，小时候的他不但看起来毫无优秀可言，而且是个出名的淘气的坏男孩，就连他的父亲都说他无可救药。卡耐基也已习惯了这样的评语，从来没想过自己要改变什么。

尽管爸爸也想将他管教好，但是却拿顽劣成性的他无可奈何。直到卡耐基9岁的时候，父亲迎娶到一位善良而又有知识的继母，一切才有了改变。当时继母刚进门，卡耐基的父亲介绍道：“亲爱的，希望你注意这个全郡最坏的男孩，他可让我头疼死了，说不定会在明天早晨以前就拿石头扔向你，或者做出别的什么坏事，总之会让你防不胜防。”继母听后微笑着走到卡耐基面前，她托起卡耐基的脸注视着他，然后对丈夫说：“你错了，他不是全郡最坏的男孩，而是最聪明、但还没有找到发泄热忱的地方的男孩。”

这句出乎卡耐基意料的话，是他从没听过的，也是他从没有奢求过别人对自己说的，卡耐基不禁心里热乎乎的，眼泪差点儿滚落下来。这句话也成为他与继母友谊的开始，他将其视为一种激励自己的动力，从此开始对自己充满了信心。于是，他开始改变了，他的命运也就此改变。

你不是最坏的男孩，而是最聪明的卡耐基

将精力用在了学习上，慢慢地卡耐基喜欢上了学习，并且喜欢上了写文章。为了支持他的这一爱好，在他 14 岁时，继母给他买了一台二手打字机，并鼓励他说相信他会成为一位作家。卡耐基的自信再次被燃烧起来，他开始向当地的一家报纸投稿。继母的信任让他浑身充满了力量，迸发出无限的潜能，他将自己的想象力和创造力发挥到了极致，使得他日后创造了“成功的 28 项黄金法则”，帮助千千万万的普通人走上成功和致富的光明大道，他也因此成为 20 世纪最有影响力的人物之一。

成长启迪

一位哲人曾经说过这样一句话：“一个人不会把生命出卖于你，但会为了一条彩色的绶带把生命奉献于你。”可见，激励的作用之大。每个人都渴望来自他人的有效激励。成功的激励可以使疲惫的生命重现昔日的光彩，会让一个平凡的人做出非凡的成就。

激励，能点燃我们对生命意义的思考；激励，能燃烧人生成功的欲望；激励，能唤醒与生俱来的潜能；激励，能使我们以勇往直前的勇气，去面对生命的每一次成长。

激励是一个人前行中不可或缺的助力，尤其是不经意间的激励，往往会成就无穷的力量。一句话，有时会改变一切，甚至会改变人的一生。

4 拥抱比耳光更有力量

——巴西球王贝利的故事

成长故事

巴西球王贝利出生在一个贫困的家庭，他的父亲原来是个足球运动员，因伤退役后生活过得穷困潦倒。也许是受父亲遗传基因的影响，贝利从小就酷爱足球运动，并很早就显现出踢球的天赋。可是家里穷，父亲拿不出钱为儿子买足球，为了鼓励儿子的这一爱好，他用大号袜子、破布和旧报纸，为儿子自制了一个“足球”。从此，贝利黑瘦的身影经常出现在家门前那条坑坑洼洼的路上，他光着脊梁，赤着脚，不断地练习着踢球。

贝利10岁时与伙伴们组建了一支街头足球队，他们球技较高，战绩频频，在当地渐渐有了名气。巴西人很喜欢足球，出于对足球小将的敬仰，周围的不少人向崭露头角的贝利打招呼，给他敬烟。这让他感到很惬意，因为吸烟给他带来了一种“长大了”的感觉，他迷恋上了这种感觉，并且渐渐地有了烟瘾。但是他根本买不起烟，每当烟瘾犯了时，他就会向别人索要。

一天，父亲撞见贝利在街上正在向人要烟。原本对儿子寄予厚望的父亲顿时脸上的表情简直无法形容，他既生气又忧伤。贝利见父亲是真的发怒了，吓得不由得低下了头。

回家后，父亲问贝利抽烟的事，他还小声为自己辩解，说自己只吸过几次。听到贝利的辩解，从来没动手打过儿子的父亲猛然抬起了手，因为他看到了问题的严重性，贝利不仅学上了抽烟，还学会了撒谎。贝利见了，立即吓得肌肉紧绷，用手捂住了自己的脸。可接下来让他感到意外的是，他得到的并不是父亲的一记耳光，而是一个紧紧的拥抱。

父亲对被自己搂在怀中的贝利说：“孩子，你有踢球的天赋，可以成为一个伟大的球员。但如果你抽烟、喝酒，染上各种恶习，那你的足球生涯可能就到此为止了。一个不爱惜身体的球员，怎么能在90分钟内一直保持较高的水平呢？以后的路怎么走，你自己决定吧。”

父亲放开贝利，从他仅有的几张纸币中抽出几张，告诉贝利说：“如果你真想抽烟，要自己去买。总向别人要，会让你丧失尊严，人最不能丧失的就是尊严。”

贝利被父亲说得羞愧难当，眼泪不禁流了下来。他擦了一下眼泪，看看父亲，发现父亲的脸上已是热泪纵横了……

贝利从此再没有抽过烟，也没有沾染任何足球圈里的恶习。他球技高超，足球天赋过人，而且有着高尚谦逊的品格，因此被誉为20世纪最伟大的运动员。

拥抱比耳光更有力量

尽管时隔多年，球王贝利仍然记得当年父亲的那个拥抱，他说：“在几乎踏上歧路时，父亲那个温暖的拥抱，比给我多少个耳光都更有力量。”

成长启迪

美国著名的心理学家赫洛德·傅斯博士曾说过：“拥抱可以消除沮丧，能使体内免疫系统的效能上升；拥抱能为倦怠的躯体注入新生命，使人变得更年轻，更有活力。在家庭中，每天的拥抱将能加强关系及大大地减少摩擦。”

拥抱的力量是神奇的。它打开了我们的心灵，释放了我们心底的笑容。成功时，拥抱是对我们的祝贺和鼓励；悲伤时，拥抱是慰藉心灵的“鸡汤”；遭遇挫折时，拥抱是最好的安慰和支持；身心受到伤害时，拥抱是治愈各种伤害的良药。

拥抱，是人间情感的升华，是人间激情的迸发，是人间挚爱的本能体现。拥抱，一个包含了很多思想的动作，它在无声地传递着一份温暖，一分信任，一种幸福。拥抱是最温暖、最美丽的语言，有时它甚至能胜过千言和万语。

5 洒在地上的牛奶

——美国科学家斯蒂芬·格伦的故事

成长故事

斯蒂芬·格伦是在医学领域很有成就的科学家。是什么让他具有普通人所不及的创造力呢？关于这个问题，他讲述了自己小时候的一段经历。

一次，斯蒂芬·格伦从冰箱里取出一瓶牛奶，可是因为年幼的他不知道该怎样拿住瓶子，所以取出后没走几步就将奶瓶掉落在地上，顿时牛奶洒了一地，厨房里一片狼藉！斯蒂芬·格伦知道自己犯了错，站在那里怯生生地不敢动。当闻声而来的母亲见到了这种情景，她并没有发火，没有批评，更没有惩罚他。母亲平和地说："哦，孩子，我可从来没有见过这么多的牛奶洒在地上，真有意思啊！好了，反正已经洒了，你想不想玩一会儿这些牛奶？说不定玩牛奶也是很有意思的。"听了妈妈的话，斯蒂芬·格伦悬着的心才放松下来，他真的开始玩了起来。

没有拿住牛奶瓶

一会儿，母亲过来对他说："牛奶是你洒在地上的，也应该由你来收拾干净。你看，我们是用海绵、抹布还是拖把？"斯蒂芬·格伦愉快地接受了这个任务，他选择了用海绵擦拭。母亲又帮助他一起将地面收拾干净。这件事没有就此结束，为了不让他下次再犯同样的错误，母亲又对他说："刚才你拿牛奶瓶没有拿住，这说明你还没有学会如何用一双小手拿一只大奶瓶。现在，我们到院子里去，在一个瓶子里装满水，看看你能不能发现一个很好的搬运方法，使瓶子不会掉落到地上。"于是，他同母亲在院子里高兴地做起了实验，经过反复的练习，他终于明白了用双手握住靠近瓶口的地方，瓶子在搬运过程中才不会掉下来。

正是斯蒂芬母亲独特的家教艺术，才令他在犯错中懂得道理，逐渐走向卓越。每当斯蒂芬·格伦回忆起这件事时，就会由衷地感谢母亲，是母亲对待他错误的宽容态度，使他明白了无需为自己犯错误而害怕，而且错误本身往往是学习新知识的开始。正如无数的科学难题也是在经过一次次失败的尝试之后，才最终找到正确的解决方法一样。

成长启迪

失误、犯错、失败是我们成长中的专利，人没有不犯错误的，更何况是没有人生经验的年轻人。犯错误是必然的，不犯错误才是不正常的。但难能可贵的是，从错误中发现成功的契机。换一种思维，从错误中看到成功，那么错误也就成了我们的老师。

成功的背后，都不是一马平川。古往今来，成功者所犯的错误往往比因循守旧者的错误要多得多，因为机遇只有在犯错的过程中才能发现，只有经历错误的尝试，才能清晰地找准成功的方位。当我们犯了错误时，既要认识到错误，又不能因此而诚惶诚恐，背上沉重的心理包袱。错误导致失败，而只有不怕失败，成功才会在失败后出现。

人都不甚完美，但可以努力，使自己变得更好。直面错误，以一种轻松的态度面对错误，有改正的勇气，懂得超越，超越旧我，才能更上一层楼。

6 人生自信好成功

——美国通用电气前首席执行官杰克·韦尔奇的故事

成长故事

曾在美国通用电气 CEO 的位置上待了二十余年的杰克·韦尔奇，无疑是才能卓越而受人们尊重的。但就是这样一位震撼着全球企业界的大人物，从小却患有口吃症。

孩子，你太聪明了！

幼时的韦尔奇因为说话口齿不清，经常闹出笑话，这种缺陷也让韦尔奇自己苦恼不已。韦尔奇的妈妈总是想方设法地去激励他，为了不让他产生自卑心理，妈妈常对韦尔奇说：“这是因为你太聪明，没有任何一个人的舌头可以跟得上你这样聪明的脑袋。”慢慢地，韦尔奇不再为自己的口吃而烦恼，他又重拾自信，因为他相信母亲的话：他的大脑比别人的舌头转得快。韦尔奇没有因为口吃而影响到自己学业与事业的发展，而且正是由于他克服了自身的弱点，在人前表现出惊人的勇气和出类拔萃的才能，才更增添了人们对他的敬意。

在韦尔奇成长的每个关键时刻，都不曾离开过妈妈的鼓励。读小学时，韦尔奇个头矮小，但却酷爱体育运动。他喜欢篮球运动，很想报名参加学校的篮球队。妈妈对于他的这种想法很支持，并鼓励他说："想做什么就尽管去做好了，你一定会成功的！"就这样，矮个子的韦尔奇参加了学校的篮球队，他机敏而自信，在球队中是一位非常出色的队员。当时意气风发的他，始终都没有觉察到自己是球队中最矮的一个，直至几十年后，当他翻看自己青少年时代在运动队与其他队友的合影时，才惊奇地发现自己竟然比别人矮了一大截。

在韦尔奇的学生时代，每当他驰骋在运动场时，妈妈的身影总会出现，她始终是儿子最热情的拉拉队长。韦尔奇的妈妈更将儿子的故事讲给了几乎所有的亲戚、朋友和邻居，而且在每一个故事的结尾她都表达出身为这样优秀孩子的母亲的那种自豪与骄傲。

成年后的韦尔奇在回顾过往时，他认为在运动场上的那些经历是他人生难得的历练，他颇有心得地总结道："我们所经历的一切，都会成为我们信心建立的基石。"

凭着这种自信，韦尔奇在商业领域显示出非凡的工作能力与领导才能，被人们称为"全球第一CEO"。

成长启迪

一个人几乎可在任何他怀有无限热忱的事情上成功，但这首先是要相信自己能成功。没有自信，就等于失去了成功的先决条件。当然，盲目自信是不会成功的，它必须建立在坚实的行动基础之上。

有人说：自信，是人们成就伟业的先导；自信，是对自己能力的充分估量；

自信，是对自我实力的高度认可；自信，是一种来自心底的无形力量。有了自信，我们就没有跨不过的难关，没有越不过的沟坎。

7 桌角上的“早”字

——中国文学家、思想家、革命家鲁迅的故事

成长故事

鲁迅十几岁时，为了给长期患病的父亲治病，他经常往返于当铺与药店间，由于家境愈发艰难，他需要先到当铺卖掉家里值钱的东西，然后再去药店给父亲买药。

课桌上的“早”字

一天清早，鲁迅像往常一样早起去了当铺，然后又去药店为父亲抓完药，才赶往学堂。但是，当他到学堂的时候，老师已经开始上课了。老师看见迟到的鲁迅，生气地说：“十几岁的学生，还睡懒觉，上课迟到。下次再迟到就别

来了。”

听到老师的训斥，鲁迅没有吭声，更没有为自己作任何辩解，他低着头默默地回到自己的座位。第二天，他早早地就来到了学校，用小刀在书桌右上角刻了一个“早”字，以此督促自己以后上学一定要早起，不能再迟到。

后来，鲁迅的父亲病情更重了，鲁迅肩上的负担也变得越发沉重，他要更频繁地去当铺当东西，去药店买药，还要做家里繁杂的家务。为了做到上课不迟到，他每天需要天不亮就起床，将家里的事情料理好，再到当铺和药店，然后匆忙地往私塾跑。虽然每天要做很多事情，但是他再也没有迟到过。

对于一个孩子来说，那些日子是艰苦难熬的，但是每当鲁迅气喘吁吁地跑进学堂，准时地坐在自己的座位上，看到课桌上那个醒目的“早”字时，他的内心就会升起一股强大的力量：“我又一次战胜了困难，又一次实现了自己的诺言。我一定要加倍努力，做一个信守诺言的人。”

成长启迪

信守诺言就是承诺过的事就一定要守信用，一定要办到。我们的先人都是很讲究信守诺言的，所以才创造了很多与“信守诺言”有关的词汇，如：“言而有信”“君子一言，驷马难追”“言信行果”“言必信，行必果”“一诺千金”，等等。

一个人说了什么，别人能够听得到；一个人做了什么，别人也能够看得到。所以，说了是否能够做到，最能够体现一个人的信用。对于信用的重要性，冯玉祥曾这样说过：“对人以诚信，人不欺我；对事以诚信，事无不成。”

我们的话诚实可靠、一诺千金，我们才是值得信赖的人；我们的话只不过是为了应付别人，随口说说而并不准备付诸实施，那你就成了不守信用的人，不守信用的人终会被人们鄙视乃至唾弃。诺言是一个人价值和人格的体现。看一个人是否信守诺言，我们就能看出他是一个什么样的人。

第十三章

品德决定人生

道德教育的核心问题，是使每个人确立崇高的生活目的……人每日好似向着未来阔步前进，时时刻刻想着未来，关注着未来。由理解社会理想到形成个人崇高的生活目的，这是教育，首先是情感教育的一条漫长的道路。

——苏霍姆林斯基

1 小时候是看品德，不是看才干

——清朝红顶商人胡雪岩的故事

成长故事

胡雪岩的父亲是做小生意的，一个人微薄的收入却要养一大家人，所以生活常常是捉襟见肘。为了贴补家用，胡雪岩8岁的时候，就开始替人家放牛。

要做一个有品德的人

有一天，胡雪岩和一些小伙伴在野外放牛，他们把牛拴在一个地方，就一起玩了起来。玩着玩着，有一个小孩一不小心掉进了山沟里，其他孩子见了，都惊慌失色得撒腿跑回了家。只有胡雪岩留了下来，沉着冷静地想办法，他顺着那个孩子掉下去的地方慢慢摸索着走下去，结果成功地把那个孩子拉了上来，并将他扶上牛背送回了家。乡邻们知道这件事后都对他称赞不已，夸他遇事冷静，机灵、勇敢、为人善良。

孩童时代的胡雪岩就有着他人所不及的高尚品德，成年后他又逐渐成为一个德才兼备的商人。良好的品德是才能施展的基础，它对一个人的发展非常重要，正如胡雪岩所说的那样：“一个人小时候是看品德，不是看才干。”

成长启迪

在国外，有的人是以能力为本位，认为有能力就了不起，中国人却不是这样。中国人更看重人的德行。一个人的品德基础好，才能越高越好；一个人的品德不好，才能越高别人反而越害怕，因为这样的人更容易做坏事。

所以，中国人讲“三岁看小，六岁看老”。一个人三岁到六岁，看不出有什么本事，看不出有什么才能，只能看他的品德怎么样。

中国古代科学家张衡说：“不患位之不尊，而患德之不崇；不耻禄之不伙，而耻智之不博。”罗曼·罗兰说：“没有伟大的品格，就没有伟大的人，甚至也没有伟大的艺术家，伟大的行动者。”今天，我们的许多企业在用人时先看人的品德如何，品德不好，就是再有才能，也不会得到重用。为此，“要学做事，先学会做人”这句口号越来越受到人们的重视，也有越来越多的人在实践着。

2 说谎的孩子

——美国第一任总统华盛顿的故事

成长故事

美国的第一任总统华盛顿，出生于美国弗吉尼亚州，他的父亲是一位知识渊博的农场主，他对华盛顿的教育问题非常关注，为了让小华盛顿多掌握一门外语，他请了一位家庭教师来教华盛顿拉丁文。

拉丁文是一门比较难学的语言，所以小华盛顿没学多久就从最初的喜欢学习变成了厌烦和应付了事，可父母对他的要求很严，面对严厉的家教，聪明的华盛顿自有应对的办法。

由于父亲外边的事务繁忙，只有母亲监督小华盛顿的学习，在一次上完拉丁文课后，母亲对他进行例行检查。华盛顿胸有成竹地用拉丁文给母亲说了一段话，母亲因为并不懂拉丁文，看到儿子说得很流利就以为他掌握得很好，于是满意地笑了，允许他出去玩一会儿。偏巧他们的谈话被刚回来的父亲听到，父亲叫住了小华盛顿，用眼睛瞪着他，怒气冲冲地让他将刚才说过的内容再重复一遍。

父亲的突然出现让小华盛顿大惊失色，原来他刚才说的根本就不是什么拉丁文，而是他随口瞎编出来的，连他自己也不知道自己说的是什么。他的招数敷衍母亲还可以，可要在父亲面前是无法蒙骗过去的。他呆呆地站在那里不敢出声。

妈妈，以后我再也不说谎了

盛怒之下，父亲对他举起了拳头，因为他痛恨华盛顿小小年纪不求上进，学不会功课，还蒙骗母亲。

母亲这才明白原来小华盛顿是在骗自己，她一边难过地流着泪，一边拦住了暴怒的丈夫，她把小华盛顿紧紧地搂在了怀里，不让丈夫打他。小华盛顿看着母亲流泪的脸，自己也哭了，他向父母保证，以后再也不说谎骗人了。母亲告诉他，一定要做一个诚实的人，这样将来才能真正有出息。

母亲的话深深地刻在了小华盛顿的心里，他从此再也没说过谎。

在华盛顿的童年时代，父母就非常注重对他品质的培养，而事实也证明了他童年时期所形成的优秀品质，在他伟大的事业中起到了不可估量的作用。踏入社会后，华盛顿将父母的教诲牢记于心，无论面对什么事情，他都能以一颗平和而又真诚的心来面对，这种优良的品质使他有了超乎常人的神奇力量，并最终赢得了美国人民，乃至全世界人民的尊敬。

成长启迪

高尚的品格，是人性最高形式的体现，它能最大限度地展现出人的价值。中国历代仁人志士莫不以“修身齐家治国平天下”为己任。他们认为，为人立身处世，必须心正行端，严于律己。

我国自古以来就非常重视品格的修养。孔子的学生曾参要求自己“吾日三省吾身”，三国时期的刘备也曾告诫儿子刘禅“勿以恶小而为之，勿以善小而不为”。

高尚的品格不是一夜就能养成的，它需要从点滴做起，需要一个长期的积累过程。只有不弃小善，注意从小的方面下功夫，才能集成大善。

罗曼·罗兰说：“99%的努力和1%的灵感，对于成功是不够的，你还必须要有200%的道德品质作保证。”由此可见，良好的品行是成功的基石。

能够得到别人的信任是一个人获得人际关系的基础，而谎言则是信任的克星，当一个人养成说谎的习惯时，自然很难得到别人的信任，长此以往不仅会影响个人健全人格的发展，也会遭到别人的孤立。

说谎也是一个人不良的品行之一，人立于世，有良好的品行，才能撑起一个大大的人字。讲操守、重品行，这也是提升人格魅力的一种重要途径。因此，我们应该从生活中的点滴小事做起，注意自己的品行修养，让自己成为一个品德高尚的人。

3 卖对联

——中国元帅刘伯承的故事

成长故事

刘伯承5岁时就开始读书，他是个很听话的孩子，学习非常用心，也很要强。那时候人们都用毛笔写字，而他却怎么也写不好，但刘伯承不服输。为了练出一手好字，刘伯承狠下功夫，他按照老师的要求，专心致志地照帖临摹，一笔一画地苦练。家里能写字的纸都被他用光了，没钱买纸他就在自己的手心上练，在沙土中练。他还编了几句练字的口诀：“穷人只有一双手，笔墨纸张随身走，手心写满写手背，左手画完画右手。”

有一次，老师给同学们讲“水滴石穿”的故事，刘伯承深受启发。他搬来一块表面平整的大石头，用毛笔蘸着水在石头上面练字，这比在手心和沙土上练字更有感觉，也更有成效。日复一日，他终于较好地掌握了运笔、运腕的基本功。少年时，刘伯承的书法虽不够成熟老练，倒也挺拔清秀，舒展大方，在村子里小有名气。

其实，刘伯承家里很穷，他父亲病故后，家里变得越发贫困。要过春节了，家里竟没有一分钱买年货。全家人都在犯愁，母亲更是唉声叹气，想起刘伯承的父亲在世时，每到年前这几天，他都会到街上去写春联卖，于是便和刘伯承提起这事。母亲的话提醒了刘伯承，他立即表示，自己也要上街写对联卖。母亲听了直摇头，刘伯承却自信地告诉母亲自己能行。没有别的办法，母亲只好同意让他去试试。

卖对联嘞

第二天，刘伯承带上弟弟当帮手，拿起父亲遗留的“文房四宝”，来到集市上。没有钱，他就找杂货店的人好说歹说赊了两张大红纸，又借来一张小桌，摆上了摊子。他很快就写好了“春联”两个字挂起来，以招揽顾客。然后，他提笔运气，一连写了十多副对联，供行人观看、挑选。他还边写边喊着“卖对联嘞！”果然，很多人围了上来，他们看着刘伯承的对联纷纷议论说：“年纪不大，功力还不浅哩！挂得出去，挂得出去……”不多时，写好的对联就卖完了。刘伯承还了赊红纸的钱，用剩下的钱买来纸又写，一直到集市散去。

一连几天，刘伯承都去写春联卖，而且卖得都不错，他用挣的钱买了年货，终于使一家人度过了年关。而要强的刘伯承，从此帮助母亲担起了家庭生活的重担。

成长启迪

每一个成功的人都是很要强的人。要强的人，再困难的事情也能够做好；要强的人，就算遇到困难，也不会被吓倒；要强的人，能够挺起人生的脊梁，勇敢地迈出自己的脚步。

我们的人生刚刚启程，只有做个要强的孩子，内心里蓬勃向上，才能健康地成长。做一个要强的孩子，就是要有强烈的上进心，要勇于挑战自我，抗争命运；做一个要强的孩子，就是要勇于战胜困难，争取胜利。

做学习和生活中的强者，当然要不断地培养自己的实力，敢于迎接挑战，战胜困难，超越自己，让自己处于上升、进步的状态中，并坚持不懈。同时，真正的强者，应该有心胸、有气量、有眼光，能正确认识社会、认识别人、认识自己，不但能争取成功，更应该能经得起挫折和失败的考验。

4 面对赞誉也不能骄傲

——俄罗斯诗人普希金的故事

成长故事

普希金小的时候便在文学和绘画上表现出了非凡的天赋和才能。亲朋们的一致称赞，父亲的当面夸奖，舆论界的追捧等，这一切都使年幼的小普希金感到十分得意，更将自己的天赋和才华视为自豪的资本。当细心的母亲发现这些后，她觉得不能让小普希金再这样傲慢下去。

普希金的母亲清醒地认识到，如果对孩子表扬得太多，就会使他在赞誉声中变得傲慢、虚荣，并且被逐渐淹没。在她与普希金的父亲达成共识后，他们决定今后要对孩子所取得的成绩进行客观的评价，对他的表扬也要适可而止。于是他们开始行动了，他们自己不再对孩子进行当面夸奖，而且还告知了身边的朋友和亲戚们，让他们也尽量避免。

别人对你的赞扬并不说明你已经取得成就

在母亲的精心安排下，小普希金周围的赞誉之声渐渐地少了。身边一下子没有了赞扬声，小普希金还真的无法适应，他变得有些失落，甚至是沮丧。母亲觉察到小普希金的情绪变化后，及时给予了他关怀，她带着小普希金去野外郊游，用大自然的美丽风景来逐渐抚平他的低落情绪，她还通过和小普希金讨论一些有关荣誉的问题来旁敲侧击，开导他。她告诉小普希金，不应当在意别人对自己的评价，让他明白别人的赞扬并不能说明自己已经取得了成就，而且赞扬会让自己产生自满情绪，从而形成影响自己进一步发展的阻力。

在母亲的教导下，小普希金很快将精力投入到学习和阅读中，不再过分留意别人对他的评价，他逐渐形成了不为外界所动、淡泊名利的优秀品质。成年后的普希金，静心读书、写作，安于淡泊，成为一位伟大的诗人，他被世人誉为“俄罗斯诗歌的太阳”。

成长启迪

一个人取得了成就，自然就有了尊严和赞誉，随之而来的也有嫉妒和诋毁。所以，我们要正确认识和对待别人的赞誉和诋毁，不要因别人的赞誉而目中无人、沾沾自喜，更不要因诋毁而一蹶不振、垂头丧气。只要内心认定自己的信仰是正确的，不必过于在意别人的评价，无论是批评、劝阻、诋毁、恐吓，还是支持、鼓励、赞誉。

庄子曾说："举世誉之而不加劝，举世毁之而不加沮。"这才是大丈夫气概，但要具有这种修养很难。我们能做的只是凡事不必太在意，努力把握好自己。做人当本于自己的真心，应当赞誉的就赞誉，而不要虚伪矫情，阿谀奉承；不当赞誉的就不赞誉，但也不要在背后诋毁他人。堂堂正正地做人，才是一个君子的作为。

5 相信人性总有善良的一面

——中国台湾影视歌三栖明星欧弟的故事

成长故事

一个正在读高中的少年，在一天早晨起来，发现爸爸没有给他留下一分钱就走了，连坐公交车的钱都没有，无奈之下他走了三小时的路才来到学校，迟到的他又被老师痛骂了一顿。

从这时起，他的悲惨生活开始了，因为爸爸一直没有回家，年仅 15 岁的他，什么都没有，没有钱，也没有人照顾。为了生活，他只好向别人借钱，然后去给人洗车、发广告单，挣到钱后再还给人家。他很讲信用，借钱时一定会跟人家说清楚还钱的时间，他从来都没有违过约。后来直到父亲再次出现，他才知道爸爸是为躲债才撇下自己逃跑的，因为他的善良，他原谅了爸爸，或者说他根本就没有真正埋怨过他。

爸爸去哪了

17 岁，他进入娱乐圈，能赚点钱了，但每个月都要给爸爸还债。那时候，虽清贫而辛苦，但他却觉得生活其实也挺好的。

在娱乐圈苦苦打拼了几年后，他好不容易攒下一点人气和知名度，却又不得不去服兵役。服兵役的过程是很苦的，然而最令他难过的是心灵上的孤独，特别是他热切地期待的那种亲情的环绕。好不容易有一天等到了爸爸来，爸爸给他带来的却是一张上百万的债务单。面对因被追债而被打得鼻青脸肿的爸爸，他一句话都没说，也不知道能说些什么。看着爸爸跪在面前恳求自己的样子，他不得不拿过笔，重重地一笔一画地将名字刻进债务单，于是上百万的债务落在了他的身上。他的心里不再有任何依靠，留给他的只有苦闷和巨大的债务压力。

退伍后，他带着百万的债务重返娱乐圈，他在娱乐圈里摸爬滚打，辛苦地为爸爸还着债务，但令他没想到的是，旧债未还清，新债又找上门——他被人挟持到咖啡厅，又为父亲签下了上百万的欠据。对于父亲这个最亲的人，他的心情是矛盾的。希望看到他，又害怕他出现带来更多的债务。残酷的命运，究竟带给他多少艰苦和辛酸，只有他自己最清楚。但他一直都记得高中时老师说的那句话：“你要相信人生最善良的一面，以后不管走到哪里，你都要保持一颗赤子之心，一直到老。”他将其珍藏在心，仿佛希望就在眼前，所以他一直都没有失望过。

他在努力地为父亲还着债，努力地塑造着自己，执着地追求事业上的新突破，他相信凭着自己的努力，总有一天会看到属于自己的那片蓝天。他对自己说：“我会更好的！”

终于，他成功了，他成为中国著名的影视歌三栖明星，他就是那位个头儿不高却魅力十足的欧弟。

成长启迪

相信人性最善良的那一面，命运是个巨大的转轮，愚蠢的人会忽视机会，怯懦的人会放弃机会，勇敢的人会抓住机会，睿智的人会创造机会。一个人如能让自己始终维持孩子一般纯洁的心灵，用乐观的心情做事，用善良的心肠待人，不自私，不猜忌，光明坦荡，勇往直前，那么，命运的转轮总会转到他的身边，即使今天没有成功，明天机会也会降落在他的身上。

人的一生难免会遇到逆境和挫折，对于逆境，我们能拥有一颗赤子之心，在通往成功之路的途中，去挑战不可能，去超越巅峰，这才是保持人生激情的秘密。

6 一双与脚很不相称的破皮鞋

——英国物理学家布拉格的故事

成长故事

布拉格小时候家里很穷，在学校读书时，父母没钱给他买好一点的衣服和舒适的鞋子，他只能衣衫褴褛，拖着一双与他的脚很不相称的大大的破旧皮鞋。同学们都嘲笑他，但年幼的布拉格却从不曾因为贫穷而感觉自己低人一等，也不曾因父母不能为他提供优越的条件而心生埋怨。尽管那双破旧的皮鞋穿在他的脚上成为无数人的笑柄，可是他却一点都不自卑，反而无比珍视这双鞋，因为它对自己来说独具深意，甚至能够带给他无限的动力。

爸爸的旧皮鞋

原来，这双旧皮鞋是父亲的，贫穷的父亲不能为他添置一双舒适的新鞋子，就只好把自己的一双旧鞋子寄给他。作为父亲，他只能做到这些，因此内心充满愧疚，但他将自己的殷切希望都寄托在上面，为儿子提供了无限的精神动力。父亲给他写了一封意味深长的信，信中这样写道：“儿呀，真抱歉，但愿再过一两年，我的那双皮鞋，你穿在脚上不再大。我抱着这样的希望，你一旦有了成就，我将引以为荣，因为我的儿子是穿着我的破皮鞋努力奋斗成功的。”这封饱含着父爱与期望的信，就如一股无形的力量，支持着布拉格在求学的道路上不断前进。

凭借着自己对梦想的不懈追求和顽强的努力，布拉格终于取得了大的成就，成为著名的物理学家。

成长启迪

古人说：“天行健，君子以自强不息。”意思是说：天的运动刚强劲健，相应于此，君子应刚毅坚卓，发愤图强。自强是一种优秀的品质，这种品质要求我们不懈努力、发愤图强，一息尚存、永不停息。

自强不息就是面对困难不低头，遭遇逆境不退缩，以积极乐观的态度面对人生。当我们遭遇挫折、陷入困境时，往往容易感到世事不公，或者抱怨，或者等待。然而，总有那么一些人不会被境遇打垮。即使在最困难的时刻，他们也能鼓励自己，积极乐观，积极准备，积极行动，向命运提出挑战。

所有的成功都不是一帆风顺的，都要经过困难的洗礼。成功者的秘诀就是以积极的心态看待困难，自强不息。经过磨砺之后，他们才能改变命运，站在成功之巅。

7 守信才能成就大业

——明代文学家宋濂的故事

成长故事

宋濂自幼好学，读书成癖，但是由于家里很穷，根本没钱为他买书，所以他只好向人家借书看。因为他时常借书，日久便形成了一个习惯，那就是每次向别人借书时，都事先讲好期限，按时还书，从不违约。这样他就有了良好的信誉，人们也都放心并乐意把书借给他。

好学才能成大业

一次，宋濂借到一本书，越读越爱不释手，于是他决定把书抄下来。可是马上就要到还书的期限了，他只好连夜抄书。当时正是隆冬腊月，室内异常寒冷，但是他并没有因此而放弃，仍然坚持抄完了书。次日，天一亮，他就急忙把书给人家送了回去。借给他书的人听说了此事，深为感动，就又借其他的书给他看，并叮嘱他不用急着还。即使是这样，宋濂仍然认为，虽然借书是小事，但事关做人的诚信问题，所以不管人家等不等着看这本书，到了期限就应该还，只有讲信用的人，才能得到别人的尊重。

又一次，宋濂要去远方向一位学者请教，并约好见面日期，谁知出发那天却下起了鹅毛大雪。当宋濂准备好行装要上路时，母亲拦住了他，告诉他，他要路过的道路已经因为大雪被封了，而且仅凭他穿在身上的那件旧棉袄是无法抵御深山的严寒的，母亲劝告他改日再去。宋濂却坚决要去，他告诉母亲，今天不出发，就会耽搁拜师的日子，这会因此而失约，而失约就是对老师的不尊重。所以，他还是执拗地冒雪赶路了。当宋濂到达老师家里时，老师深受感动，并称赞他守信好学，将来必有出息。

就这样，宋濂一生都在刻苦学习，“自少至老，未尝一日去书卷，于学无所不通”。他广博的学识和出色的才能，受到了人们的一致尊崇，明朝的开国皇帝朱元璋称其为“开国文臣之首”，他也因此成为我国古代文学史上“明初诗文三大家”之一。

成长启迪

古人说：“言而必有信，期而必当，天下之高行也。”对人以诚信，人不欺我；对事以诚信，事无不成。诚信作为人的一种基本品质，是取信于人的良策，也是处己立身、成就事业的基石。

“诚信”精神是培养人的高尚道德情操、指引人们正确处理各种关系的重要道德准则。个人以诚立身，就会做到公正无私、不偏不倚，讲究信用，就能守法、受约、取信于人，就能妥善处理好人与人、个人与社会的关系。

现今社会，诚信在我们的生活中占有极为重要的作用，它是我们立足于社会最根本的素质要求。小到一个人，一个组织，大到一个国家，如果不具备诚信，要谈发展，求进步，基本上是不可能的。诚信是成功的奠基石。我们要想获得成功，就必须学做一个诚实守信的人，这样才能为自己那张空白的人生图纸，画上最绚丽的生命彩绘。

8 聪明的“傻”孩子

——美国第九任总统威廉·亨利·哈里森的故事

成长故事

弗吉尼亚州有一个小男孩，他出身名门，父亲曾经是州长，他看上去与常人没有什么不同，但有人却说这个孩子有点儿傻。说他傻的结论，是由两枚硬币的测试而得出的。

10分和5分的硬币，你要哪个？

一次，有人同时拿5分和10分的硬币给他，他却只拿走了5分的。消息传开后，有人不信，也想要拿5分和10分的硬币去试探一下他，果真如此。接着，又陆续有人去试探他，可结果都一样。于是，说他傻的论断站住了脚，大家都因此嘲笑他。

一个公认的智者听说了此事，觉得还是眼见为实，就亲自去试验，结果与大家说的一样。可与大家不同的是，智者得出的结论却是“这真是一个聪明的孩子”。说完后，智者笑着走了，孩子也笑笑转身走了，只有围观的人不明故里。

这件事传到了小男孩妈妈的耳朵里，她问男孩这样做的原因，男孩便将自己心中的想法告诉了妈妈：“如果拿了10分的，下次还会有人让我拿吗？”顿时，妈妈也豁然开朗地笑了。这个被人嘲笑的“傻”孩子就是后来的美国第九任总统威廉·亨利·哈里森。

成长启迪

大智若愚的人，往往不显露才华，甚至外表上看起来很愚呆。他们在人前收敛自己的智慧，表现出一副混混沌沌的样子，可在大事上却能展现出超常人的智慧，甚至想人所想不到的，做人之无法做到的事。

大智若愚的人，时常笑容满面，宽厚敦厚，平易近人，虚怀若谷，不露锋芒，有时甚至显得有点木讷，有点迟钝，有点迂腐。“若愚”只是一种表象，只是一种策略，而不是真正的愚笨。在“若愚”的背后，隐含的往往是真正的大智慧、大聪明、大学问。

当然，大智若愚并非故意装疯卖傻，并非故意装腔作势，也不是故作深沉，故弄玄虚，而是为人处世的一种方式，一种态度。

9 宽容别人就是宽容自己

——法国著名启蒙思想家、文学家卢梭的故事

成长故事

在瑞士日内瓦的一个小镇，一位22岁的年轻人正要举行订婚典礼宴，而他的女朋友却跟着另一个人走了。这突如其来的变故将他的幸福击得粉碎，他呆若木鸡地站在那里，面对众亲朋诧异的目光，他简直是无地自容。

这件事在整个小镇传开了，年轻人已经无法接受外面的风言风语，他决定逃离这个让他伤心失望、倍感耻辱的小镇，并发誓有朝一日一定要风风光光地回来，找回自己丢失的尊严。

我很难过，上帝不应该惩罚她

30年后，年轻人的梦想实现了，他已经成为一名令人瞩目的伟大的文学家和思想家，他就是卢梭。他回到了阔别30年的家乡，第二天他去会见一个老朋友，

朋友向他提起了那个曾差点成为卢梭的新娘的女友。朋友告诉他，那个当年带给卢梭莫大羞辱的女人，现在已经得到了上帝的惩罚，她一直生活在贫困潦倒之中，只能靠亲戚们的救济才能勉强度日。朋友本以为这对卢梭来说应该是个大快人心的消息，因为当年的背叛曾给卢梭带来那么大的打击，然而卢梭却很难过地表示上帝不应该惩罚她，她不应该有那样一个悲惨的结局。卢梭拿出一些钱，请朋友转交给她，并不要说是他送的。朋友觉得卢梭的做法简直令人不可思议，问他为什么对那个曾令他丢尽了脸的女人没有丝毫的怨恨。

卢梭告诉朋友："如果说有怨恨，那应该是30年以前的事，一直生活在怨恨中，对自己没有任何益处。就像我提着一袋死老鼠去见你，那一路上闻着臭味的岂不是我？"经他一说，朋友恍然大悟，理解卢梭的同时，更为他的大度与宽容而折服。

成长启迪

许多伟人之所以伟大，就在于他们能够以一颗宽容的心坦然去对待别人。他们以宽容化解了人间的仇怨，赢得了别人的尊敬与支持，因为他们的宽容，世间也少了一分冤冤相报，多了一分温暖与和谐。他们宽容别人，使自己郁结于心的怨恨得到了化解，心中愤怒的情绪得到了释放，也留下了澄明的心境和乐观的心态，而这正是一个人身心健康的根本、事业有成的基石。

人生活在社会中，与人交往时难免会有磕磕碰碰，倘若气量狭窄，睚眦必报，心怀恶念，必致气郁于胸，日久成疾，对自己实在是一种莫大的伤害。《菜根谭》上说："处世让一步为高，退步即进步的根本；待人宽一分是福，利人实得己的根基。"凡事退一步，就等于为自己的前进清除了前进的障碍，对人让一分，才会有利人利己的双赢。宽容别人，其实就是宽容我们自己。多一点对别人的宽容，我们的生命中就会多一点绿色的空间。

第十四章

开卷有益多读书

书籍是培育我们的良师，无需鞭笞和棍打，不用言语和训斥，不收学费，也不拘形式。

——德伯里

1 如饥似渴地学习

——诺贝尔物理学奖获得者恩里科·费米的故事

成长故事

恩里科·费米从小就对读书有着浓厚的兴趣，天资聪颖的他接受能力很强。学校所开设的课程对他来说都是轻而易举，所以他经常会找课外书阅读。

如饥似渴地学习

一天，恩里科·费米从外边带回两本论数学物理的书，这本书对他独具吸引力，他一拿到手便如饥似渴地读了起来。他完全沉浸在了其中，一会儿，他兴奋地自语道："这本书是多么有意思，你们一点也想象不出来，我正在学习各种波的传播！"再过一会儿，他又会情不自禁发出慨叹："妙极了，它解释了行星的运动！"接着，他又读到了论海洋潮汐的循环……那一个个引人入胜的话题使他感到异常兴奋。

很快一本书看完了，这时他才像发现“新大陆”似的自语：“噢，这本书是用拉丁文写的，我还没有注意到呢。”

恩里科·费米对知识和书籍的痴迷吸引了一个人的目光，他就是费米的一位邻居，一位学识渊博的大学教授。他看到年幼的小费米如此勤奋好学，不禁深受感动，凭他的直觉，他断定这孩子是块好“料子”。为了测试他的实际能力，教授给他出了几道显然高出费米所应掌握的知识水平的题，让费米试着做。然而，只一会儿的工夫，费米就将正确答案全部写了出来，这令教授大吃一惊。于是，他又给费米出了些更难的题，而费米竟然奇迹般地又全部解答了出来。教授对其连连点头，无不慨叹后生可畏。

于是，教授决心好好栽培费米，他把自己所有的有关物理和数学方面的书按照难易程度先后交给他看，这些书对恩里科·费米知识的积累和解题能力的加强起到了极大的促进作用。在老教授精心的培养和帮助下，恩里科·费米进步很快，中学结业时，他所写的论文《论弦的振动》以其广博的知识和深刻的见解令主考的罗马工程学院的教授大为惊叹。

恩里科·费米以其极大的热情和不竭的动力，乐此不疲地遨游于无限广阔的知识海洋，并取得了卓越的成就，1938 年他获得了诺贝尔物理学奖。

成长启迪

书是知识的宝藏，给予人类无尽的财富；书是灵魂的钥匙，打开人类探索的大门。名人们关于读书的论述很多，大文学家莎士比亚说：“书籍是全世界的营养品，生活里没有书籍，就好像没有阳光；智慧里没有书籍，就好像鸟儿没有翅膀。”

自古以来，人们对读书就非常重视。一本好书，不仅可以提高人的文化素质，陶冶人的情操，还可以给人以愉悦和享受。读书，能使贫瘠的心变得富有；读书，能使平庸的人生变得多姿多彩；读书，可以提高我们的文化底蕴……

书对人的成长影响是很大的，成长中的我们，要充实自己的大脑，就要养成读书的好习惯。常读书，多读书，读好书，书里的精华才会渗透到我们的思想里，才会开拓我们的视野，我们在成功的路上才会少一些挫折和失败，从而离成功越来越近。

2 喜欢读书的女孩

——中国著名作家冰心的故事

成长故事

我国著名作家冰心，在小的时候就是个书迷。那时，他们几个表兄妹最爱听大人讲故事。冰心的舅舅每天晚饭后必给孩子们讲一段《三国演义》，小冰心津津有味地听着，什么“宴桃园豪杰三结义，斩黄巾英雄首立功”，每段故事都打动着她幼小的心灵，她恨不得让舅舅将所有的故事一股脑儿地全倒出来。但是，舅舅每次只讲半个钟头，就停下来干他自己的事了。而冰心那颗对书籍焦渴的心使她根本不能满足舅舅只讲半个钟头的故事，于是她就自己找了本《三国演义》，看了起来，一开始她看不太懂，却坚持着一知半解地读了下去，慢慢地居然越看越懂了。

从读书中找到了乐趣，冰心又接着寻找下一个目标。这时她看到了母亲针线箩里放着一本《聊斋志异》，可故事是用文言文写的，虽然有些生涩难懂，但是她依旧坚持一个故事接着一个故事地读下去，她竟读通了。因为阅读文言文故事，她的作文水平竟然也大大地提高了。因此，她的很多习作都得到了老师的赞扬，有一篇作文上老师所给的评语是“柳州风骨，长吉清才”，其作文水平在当时可见一斑，这也为冰心日后从事文学创作奠定了坚实的基础。

喜欢读书的女孩

小说勾起了冰心无限的兴趣，她不停地阅读下去。这时，中国古典名著《水浒传》也进入了她的视野，她阅读的兴趣越来越浓，并一发不可收拾。

11 岁时，冰心在祖父的书桌上看到了《茶花女遗事》，她觉得很好看，从此，她又开始阅读外国名著。那时只要她手里有钱，就要买外国小说来看，通过阅读外国小说，她了解了不少国外的人情世故。12 岁时，冰心开始阅读《红楼梦》，起初她并没有太大的兴致，因为年龄小，其中的好多东西都不太懂，但她还是一直坚持读完。

就这样，少年时期的冰心就已经读了很多的中外优秀的文学作品，读书成为她生命中最大的快乐，后来她自己写文章、著书，成为中国著名的作家。

成长启迪

犹太人说“书本是甜的”，国人也都认为万事唯有读书高。宋代著名诗人陆游有一句诗：“呼僮不应自升火，待饭未来还读书。”这些都在告诉我们要读书，要挤时间读书。

冰心说“读书好，多读书，读好书”，求知乃人的本性。读书可以修德，可以明智，可以育人。读好书，是人生之旅中必不可少的精神养料。好读书，更是成长中的我们应该具备的品质。

具有浓厚的读书兴趣、拥有很强的学习能力，不仅关系到个人的生存，也关系到国运之兴衰，而读书是改善和调整心灵方式的一个重要途径。人生在世，除了物质生活之外，还应有自己的精神生活，而这往往是从读书开始的。

读书不仅有利于提高我们的技能和水平，还能够净化我们的内心世界，有利于促进我们内心的理性和平衡。

当然，读书的落脚点都是为了学以致用，只有把学到的知识与实践紧密结合起来，指导工作和生活，才能更好地展现自己的人生价值。

3 学习就要心无旁骛

——著名科学家居里夫人的故事

成长故事

居里夫人原名玛丽亚·斯克沃多夫斯卡·居里，小时候她就对学习表现出非凡的热情，只要一学习起来，她就会专心致志，不管周围怎么吵闹，都无法分散她的注意力。

一次，在小玛丽亚做功课时，她的姐姐和几个同学在她面前玩，他们又是唱又是跳，还大声喧闹地做着游戏，而专注于功课的她却对这些充耳不闻、视而不见，她旁若无人地认真学习。姐姐和同学们嬉笑着要试探一下她，看她的精力是否真的完全放到了学习上，于是她们悄悄地在小玛丽亚身后搭起几个凳子，这样只要玛丽亚稍微一动，凳子就会倒下来。大家一直观察着，时间一分一秒地过去了，小玛丽亚仍不知情地继续着自己的学习，一本书都读完了，她仍丝毫未动，凳子依旧安然地竖在那儿。这令她的姐姐和同学们都佩服不已。从此，他们再也不逗她了，而且都以小玛丽亚为榜样，开始像她一样专心读书了。

学习就要心无旁骛

小玛丽亚一直坚持着这种专注的学习态度，长大后更将自己的全部精力都放在了科学研究上，她以顽强的毅力专心于对放射性元素的研究，最终成为一个一生曾两度获得诺贝尔奖的伟大科学家。

成长启迪

学习时要心无旁骛，这句话说来很简单，但做起来却很难。先贤们曾讲述了这样一个故事来告诉人们，学习不可三心二意。有一个叫弈秋的人，他棋术高明，很多年轻人都想拜他为师。弈秋收下了两个学生：一个学生诚心学艺，听他讲课从不敢怠慢，十分专心；另一个学生大概只图弈秋的名气，虽拜在门下，却并不用功学习。弈秋讲棋时，他心不在焉，探头探脑地朝窗外看，心里想着鸿鹄什么时候才能飞来，飞来了好张弓搭箭去射它们。两个学生同拜一个老师，同在一处学棋，而学习效果却大不相同。很显然，专心学习的那个学生最终成为弈秋的得意门生。

如今，学习的道理也一样，要一心一意，专心致志，而不能三心二意。只有注意力集中，才能快速准确地学到知识。专注可以调动整个大脑的神经系统，而分心则只会降低学习效率。

4 勤奋好学的科学巨人

——英国科学家牛顿的故事

成长故事

牛顿出生于英格兰的一个自耕农民家庭，童年时期的他，在智力上并没有表现出过人之处，学习成绩也一般，但他却喜欢读书，也非常喜欢手工制作。12 岁时，牛顿上了中学，这时他的爱好由手工制作发展到搞简单的小机械制作。在动手实践中，他逐渐体会到学好功课，尤其是学好数学，对搞好机械模型制作非常重要。这使得牛顿开始将精力投入到学习上，在他的努力下，他的成绩进步很快。

在牛顿 15 岁时，受家庭经济压力所迫，他被迫辍学务农。尽管如此，求知若渴的牛顿仍然抓紧一切时间读书、学习。幸运的是，在舅舅的支持下，他又重返校园。

19 岁时，牛顿考入著名的剑桥大学。他在学习上的那种专注、执着以及深邃的观察力和敏锐的理解力，深受老师的赏识。老师竭尽所能地帮助他，并将自己所掌握的数学知识毫无保留地传授给了他，牛顿也因此被引向了近代自然科学的研究领域。

牛顿开始着手研究起数学、物理学和天文学的问题，经过刻苦钻研和不懈的努力，他发现了万有引力定律，完成了人类科学史上少有的科学巨著《自然哲学的数学原理》，这标志着经典力学体系的建立，他的研究成果轰动了全世界，他也成为举世瞩目、家喻户晓的科学家。

苹果为什么会掉下来呢？

成长启迪

“知识就是力量”“知识就是引导人看到光明与真实境界的灯烛”……人们曾用许多美丽甚至美好的词语来赞美知识。是的，知识对我们来说太重要了，它可以给我们带来无限的快乐，但知识是不可能从天而降的，它需要通过我们的勤奋学习才能获得。

人人都想成功。没有必然成功的人，也没有必然失败的人。成功喜欢垂青勤奋好学的人，而远离不爱读书、缺乏知识的人。勤奋好学就是成功的阶梯，我们只有不断学习，增长知识，并学以致用，才能到达成功的彼岸。

5 学习是自己的事

——诺贝尔化学奖获得者海洛夫斯基的故事

成长故事

海洛夫斯基在他很小的时候就非常喜欢学习，尤其是他那不达目的不罢休的求知精神和高度自觉的学习态度，让周围的人钦佩不已。

一天，海洛夫斯基放学回来，他紧锁着眉头，表现出一副愁苦的样子，就连吃饭都是心不在焉的。细心的妈妈发现了，就向他询问不开心的原因。看着家人们关切的目光，海洛夫斯基不好意思地告诉大家，原来老师在课堂上布置了一道题，自己做错了，直到现在他还没找出错误的所在。

不，我要自己把它做出来

饭后的散步时间到了，海洛夫斯基对家人说他不出去了，要自己留在家里，把那道题弄明白。时间一秒秒地过去了，当家人们从外边散步回来，海洛夫斯基还在那里苦苦地思考。孩子们开始玩游戏了，弟弟敲门请他加入，一起玩，他坚决地表示要先把那道题做出来。又过了一会儿，姐姐也过来邀请他一起玩，可他仍不为所动。姐姐怕他太辛苦，提出要帮助他把题做出来，他却一口回绝了，坚持一定要自己做。他告诉姐姐，学习是自己的事情，就应该由自己来做。后来，虽然费了很大的力气，但他还是独立地把那道题做出来了。

凭借这种钻研的精神，成年后的海洛夫斯基成为一名出色的化学家、“极谱学”的创始人，并因此获得诺贝尔化学奖。

成长启迪

现实生活中，许多人能够主动地学习。因为他们知道，书是前人智慧的结晶，读书、学习就是让自己在有限的时间里汲取人类多年的经验，使自己有可能站在巨人的肩上，成为令人瞩目的成功者。

学习是自己的事，不是为老师、家长学的，更不是为同学、朋友学的。学习来的知识，装在我们自己的脑子里，学习来的技能对我们自己的工作有利。把学习当成自己的事情，独立、认真、扎实地做好学习中应该做的每一件事情，解决好学习中遇到的每一个问题，使自己的头脑丰富起来，使自己的能力得到更快的提高，使自己更能适应社会发展的需要，这才是成长中的我们应该坚持的学习态度。

6 不读书，宁愿死

——著名经济学家、教育学家、人口学家马寅初的故事

成长故事

我国当代著名的经济学家、教育学家和人口学家马寅初，小的时候就很喜欢读书，更希望自己能到大城市去学习更多的知识。而身为酒店老板的父亲却

认为，应该让聪明伶俐的儿子学做生意，子承父业，所以坚持让他学管账、记账等生意经。

但是，马寅初的志向却不在做生意上，他有自己的理想。为了让儿子听从自己的安排，父亲不惜对他动用了皮鞭。可就是在父亲的鞭子下，他却依然坚定地喊出“不读书，宁愿死”的誓言。对于这个只认死理儿的儿子，父亲简直想尽了办法极力阻挠，他用过训斥、毒打、罚跪等方式来让儿子屈服，可是倔犟的马寅初始终坚持“跪下也要去念书”“打死我也不做生意”，为了自己读书的理想，他忍着疼痛一次又一次地反抗着自己的父亲。看到儿子的读书意志如此坚定，父亲终于做出了让步，答应让他继续读书。

我一定要去念书

马寅初很珍惜自己的求学机会，他比往日更加努力地学习，他先后获得耶鲁大学经济学硕士学位和哥伦比亚大学经济学博士学位。后来，他又任职北京大学的校长，他一生的著作很多，在我国的经济、教育、人口等方面做出了卓越的贡献。

成长启迪

“不读书，宁愿死”，这是一个有志的孩子在多年前喊出的心声。今天的一些孩子好像正好和多年前的孩子的想法相反，在今天的一些孩子的心里，“不读书，让我做什么都可以”。这些孩子没有好好去想一想，不读书，我们没有知识，我们的大脑空空，我们没有技能，在当今竞争激烈的社会，我们能做什么，又能做好什么。

不读书，我们将没有立足之地，甚至连谋生的手段都没有。可见，要生存，就要读书，并且要把书读好。

7 自己监督自己读书

——清代诗人顾炎武的故事

成长故事

我国明末清初的爱国主义思想家、诗人、著名学者顾炎武，从小就饱读诗书。他6岁便已启蒙读书，10岁读史书和文学名著。在他11岁那年，祖父要求他读《资治通鉴》，并告诫他读书要求甚解，不能只图省事，一般的浏览根本起不到读书的作用。祖父的话使顾炎武受益匪浅，他决心要老老实实地读书，做学问，认真对待学习。

为了使自己对知识的掌握更扎实，不给懒惰的思想以可乘之机，顾炎武拟订了一种“自督读书”的措施：为了保证读书的量，他给自己规定了每天必须读完的卷数。为了提高记忆的效果，他限定自己每天读完书后，要把所读的内容抄写一遍。在读《资治通鉴》时，他就是用的这种方法，这样在读完这部书以后，一部书就变成了两部书。为了加深自己对书中内容的理解，他还要求自己每读一本书都做读书笔记，将自己的心得记下来。他所著的《日知录》就是由其做的一部分读书笔记汇集而成的。为了巩固已读过的知识，温习书本也是一个必不可少的环节。他在这方面也做到了有规律可循，在每年的春秋两季，要温习前半年所读过的书籍，具体的方法是边默诵，边请人核对，以便及时查漏补缺。他还规定每天这样温课 200 页，达不到这个量就绝不休息。

自督读书

在这种严格的“自督读书”习惯下，顾炎武掌握了丰富的知识，终于成为一代名家，并于与黄宗羲、王夫之一起被并称为“明末清初三大儒”。

成长启迪

自我督促的过程，实际上就是自我约束的过程。人都是有惰性的，没有一定的约束力，人是很容易松散下去的。如此，只会一事无成。为了培养自我约束能力，就要有一套自我督促的措施和方法。为了做到“今日事，今日毕”，我们应该明确规定当日的学习任务，并把这些任务分解成容易处理的几个部分，还应事先给自己规定完成的期限，以督促自己不断进步。

增强自我约束能力，还要求我们树立远大的理想，有明确的奋斗目标。目标明确了，我们才会专注于自己所做的事情。同时，要培养对自己所做的事情的浓厚兴趣，有了浓厚的兴趣，我们才会心无旁骛，集中精力，干好自己该干的事情。

第十五章

盯住目标，实现梦想

不因幸运而故步自封，不因厄运而一蹶不振。真正的强者，善于从顺境中找到阴影，从逆境中找到光亮，时时校准自己前进的目标。

——易卜生

1 眼睛里只盯住一颗星星

——天体力学奠基人开普勒的故事

成长故事

开普勒4岁时因患猩红热烧坏了眼睛，他的视力非常差，在他的眼里天上的星辰只是一些微弱的发光体。可就是这样的他，在成年后竟爱上了天文学事业，并且立下了“为天空立法”的宏愿。

大学时期，开普勒主攻的课程是神学、哲学和数学，后来转向天文学，成为哥白尼学说的坚定拥护者。大学毕业后，他担任大学的数学和天文学讲师，并成为著名天文学家第谷·布拉赫的助手，和他一起研究火星。当时，在天文学领域，那些最权威的人士中无论是托勒密还是哥白尼，都认为星球是做圆周运动的。起初，开普勒也相信这种观点，他根据有关火星的资料数据用圆周轨道来进行计算，但计算了几个月都毫无结果。

一天，恩师来看望开普勒，见他的屋子里到处画满了乱七八糟的圆圈，便询问他这些年到底在研究什么。开普勒告诉恩师，自己想弄清楚行星的轨道。这令恩师感到不解，因为这已经是被他人解决了的、毫无疑问的问题了，为什么还要再研究呢。开普勒向恩师说明，经过他的计算，现在的轨道和前人的数据还有8分之差。恩师更加诧异，8分那么小的一点误差，只相当于钟盘上秒针在0.02秒的瞬间走过的角度。他认为在浩渺无穷的宇宙里，这点误差不值得引起注意，更不值得将精力花费在它上面。可开普勒却冷静地向恩师说明了自己的理由，他所掌握关于火星的所有资料，是经过他的老师第谷·布拉赫20年的观察所得到的，火星轨道与圆周运动的8分之差是绝不能忽视的。他说，自己有信心从这里打开缺口来改革以往所有的体系。

就这样，恩师和他人的不理解都没有动摇开普勒的决心，他始终紧紧盯住那一颗星星——火星，进行研究。

坚持不懈地研究

经过几年不懈地研究，开普勒终于以事实证明了火星的轨道并不是圆的，而是椭圆的。这个在天文学上具有划时代意义的发现，被称为“开普勒第二定律”。之后，他又发现了第一定律，即等面积定律。

开普勒凭借自己精益求精、锲而不舍的精神识破了一个惊世天机。10年后，他再次以顽强的毅力和耐心发现了另一个秘密：行星绕太阳运转时，其运转周期的平方等于它与太阳间平均距离的立方，即“开普勒第三定律”。神秘无边的宇宙星空因这三条定律的发现而显得井然有序，这些规律被发现的意义还不止于此，就连惊世的牛顿万有引力定律也是在其研究结果上发现的。

然而，这个忠于科学的天文学家开普勒却终生病魔缠身，他的研究正是在他坚强的意志和贫病交加的逆境中完成的，他如愿实现了年轻时的壮志，揭开了宇宙的神秘面纱，被人们誉为“为天空立法的人”和“天体力学奠基人”。

成长启迪

只盯住一颗星星，其实就是只专注于一件事。有人说，专注不一定会成功，但不专注是绝对不能成功的。

成功是人人渴求的，但成功又不是人人都能如愿的。我国古代著名思想家荀子对“专注”有深切的体会，他说：“锲而不舍，金石可镂；锲而舍之，朽木不折。”荀子也告诉我们，目标专一和持之以恒是成功的必由之路。

成功者大都证明了专注是走向成功的一条必由之路。大科学家欧立希立志制出一种药剂，经过长期不懈的努力，在失败了几百次之后，他终于制出了药剂“六六六”。我国数学家陈景润在少年时就立志摘下数学王国的宝石——哥德巴赫猜想。他勤奋钻研，艰难困苦，玉汝于成，终于获得了重大成果。像这样的例子可谓俯拾皆是，不胜枚举。

专注贵在执着，时间最能考验人的意志，困难最能磨炼人的意志。专注一时者众，而专注数载者寡，许多大事之成，不在于力量大小，而在于坚持多久。正如贝多芬所言：“涓滴之水终可磨损大石，不是由于它力量最强大，而是由于昼夜不舍的滴坠。”专注的可贵之处，就在于：耐得住寂寞，经得起时间的考验，在困难和挫折面前始终坚持不懈，并寻求重点突破，最终铲除困难，直至成功。

2 在嘲笑中前进的车轮

——蒸汽火车的发明人斯蒂芬逊的故事

成长故事

斯蒂芬逊出生于一个煤矿工人的家庭，贫寒的家境，使得他没有念过一天的书，并且早早地就与大人一起分担家里的生计。8 岁时，他就去给人家放牛；10 岁时，在煤矿上做些零活；14 岁，他就跟随着父亲到煤矿上工作了。低微的身份令他处处被动，经常受到他人的嘲讽，可他从不把嘲弄当回事。

煤矿工人的生活是艰苦的，在实际的工作中斯蒂芬逊深有体会，于是他决心要发明一种能够不用人力运煤的机器。当时发生了一件比较轰动的事，让他产生了兴趣。1801 年，第一台蒸汽机车问世，它是英国人特勒维研制出来的。但是在试车时，蒸汽机车不是行驶在铁轨上，而是马路上，而且行驶速度很慢，这招致了很多人的嘲笑，大家都戏称特勒维的机车还不如马车跑得快，气得特勒维就此放弃了继续研制机车。

斯蒂芬逊觉得特勒维的发明会对自己有帮助，于是找到特勒维，要跟他学习研制机车。但被他人嘲笑怕了的特勒维却表示不愿意再干这样的“傻事”了。于是，斯蒂芬逊开始了自己的思索，他由矿上用于抽深水井的蒸汽机，想到了能拉动十几吨重的东西的特勒维所制造的机车，通过仔细观察和反复思考，他终于悟出了其中的奥妙都在于蒸汽机的力量。

找到了目标，斯蒂芬逊马上开始了行动，他不辞辛苦地步行了一千多公里，来到了瓦特的故乡苏格兰，在那里学习了一年。经过不断地研究与学习，在前人经验和教训的基础上，他终于在 1814 年制造出了第一台蒸汽机车“布鲁海尔”号。

同年7月，斯蒂芬逊所制造的火车开始了第一次试车。火车的载重是30吨，共8节车厢，它慢慢地行驶在平滑的轨道上，由于没有装配弹簧，车开动时震动声很大。

于是，讥笑声四起，人们说斯蒂芬逊的车还不如马车跑得快，声音比打雷还响，这种火车能把牛马都吓跑了！就连一些原来赞成试验蒸汽机车的官员也开始反对他，断言蒸汽机车是不可能作为交通工具的。

这种火车还不如马车跑得快呢

斯蒂芬逊并没有被讥笑声吓倒，他没有气馁，又继续对火车头进行研究和改进。1825年9月27日，斯蒂芬逊制造的“旅行1号”机车，在斯托克顿—达灵顿铁路上试车。这再次吸引了大家的目光，围观的人中有的为斯蒂芬逊担忧，怕他再遭失败，而更多的人在等着看他的笑话。

斯蒂芬逊坐在驾驶室内操纵着机车，蒸汽引擎吸入大量气体，又排出部分蒸汽，随着呼呼作响的声音，机车开动了。围观者惊恐万分，都担心机车会爆炸，可是经过一段时间的观察，发现没有什么动静，才又走近观看。为了让人们清楚地看到它与马车的优劣，他安排了4节由马匹牵引的车厢紧跟其后。结果是令人振奋的，斯蒂芬逊终于成功了。

这次试车的成功，轰动了英国和欧美，他们称斯蒂芬逊研制的火车为“怪兽”。从此，铁路运输登上了历史的舞台。

成长启迪

美国投资大师罗杰斯说：“假如周遭的人都劝你不要做某件事，甚至嘲笑你根本不该去做，那你就可以把这件事当作可能成功的指标。”与众人反向而行是很需要勇气的。事实是，这个世界上从不曾有哪个人是只靠“从众”而获得成功的。

在人生的旅途中，我们不要怕嘲笑，而要把嘲笑当作发动机的燃料。每一个成功者都有一个开始，勇于开始，才能找到成功的路。不要害怕失败，未曾失败的人恐怕也未曾成功过。

面对嘲笑和讥讽，要坚信自己的选择，坚定自己的信念，勇敢地走下去，大胆地尝试和追求，不低头，不退缩，不因一时的窘迫而放弃，不受嘲笑和讥讽的左右；面对嘲笑和讥讽，要有冷静而清醒的头脑，听听反对者、嘲笑者的声音，会使我们的思考更全面、更深入、更客观，会使我们的方案更科学，也更有助于我们走向成功。

3 从一粒米开始成功

——台湾首富王永庆的故事

成长故事

王永庆从小是个穷孩子，家里没有条件供他读书，所以他小小年纪就已在为生计而奔波了。16 岁的时候，他离开家乡，在嘉义开了一家米店。可那时在嘉义，大大小小的米店已经有三十多家了，而王永庆的店铺因为资金少，规模小，又坐落于远离闹市的偏僻一角，而变得非常不起眼；另外，它也是众米店中开办最晚的一家，这样的情形在激烈的行业竞争中简直没有任何优势可言。所以，在刚开张的一段日子里，他的米店生意一直是冷冷清清的。

从一粒米中寻找商机

米店要生存，就得想办法。无奈之下，王永庆只得背着米挨家挨户地去推销，可即使是这样，他一天走下来，人困马乏的，也没有什么效果。王永庆的脑袋里一直在思考着该怎样打开销路，经过反复琢磨，他决定从每一粒米上打开突破口。因为那时候，受稻谷收割与加工技术所限，加工后的米里总会混有很多的小石子之类的杂物。这就给人们做饭制造了很多麻烦，在做饭之前，需要反复地挑选，还要淘好几次米，甚是让人烦恼。但是，由于每家米店的米都是如此，所以买主们也就见怪不怪了。

王永庆决定从这一点入手来改善经营状况，他不怕麻烦，他带着两个弟弟将混在米里的秕糠、砂石之类的杂物一点一点地拣出来，然后再卖，这样提高了米的质量，也方便了顾客。慢慢地，一传十，十传百，米店的信誉逐渐提高了，生意也日渐红火起来。

这个小小的胜利远远没有让王永庆满足，他还要在米上下大工夫。他始终盯紧着市场，通过观察，他发现几乎所有的米店都不负责送米，而那些年老的顾客在买米和搬运的过程中十分不便，这应该是个大好的商机，于是王永庆开始主动送米上门。这种首创的“送货上门”服务极大地方便了顾客，受到了顾客们的一致欢迎。

王永庆的送货服务，并不是将米送到顾客家门口就完事了，而是直至彻底地完成，他甚至要帮助顾客将米倒进米缸里。为了保证米不会因存放过久而变质，他在遇到顾客家的米缸里有陈米时，就主动将陈米掏出来，把米缸擦干净，再把新米倒进去，尔后将旧米放到最上层。这一精细的服务令顾客感到非常满意，他的顾客数量更多了，客源也比较稳定。

不仅如此，王永庆还把服务做得更加精细化。在每次给新顾客送米时，王永庆就会在本子上记录下这户人家米缸的容量，并将这家的人口、几个大人、几个小孩、每人的饭量等也一并记录在内，然后以此为依据，推算顾客下次买米的时间，这样，不用等到顾客找上门来，他就主动将相应数量的米送到顾客家了。

凭着王永庆这种精细、务实的服务，他的米店的名字越来越响亮，甚至嘉义的家家户户都知道了他的米行。王永庆的生意越做越大，越做越好，在有了一定的资金和客户的基础上，他又由卖米变为开办碾米厂，然后到创办台塑集团，他的事业逐渐发展起来，直至问鼎台湾首富。这种创业的执着与经营的智慧，使他日后将台湾塑胶集团推到了世界化工业的前50名，王永庆也因此被誉为台湾的“经营之神”。

成长启迪

王永庆的成功告诉我们，不要以为创造就非得轰轰烈烈、惊天动地，把一粒米这样细小的工作做好同样也是一种创造。

老子说：“天下难事，必做于易；天下大事，必做于细。”意思就是说，在容易之时谋求难事，在细微之处成就大事。天下的难事，必从容易时做起；天下的大事，必从细微处着手。

有人说，我们不缺乏满腹雄韬伟略的野心家，但鲜有精益求精的务实者；我们不稀罕日夜憧憬功成名就的梦想家，但脚踏实地从基层做起的小人物却弥足珍贵。

很多“聪明”的人对小事不屑一顾，经常以“做大事者”自居，实际上，这些人往往是眼高手低之辈。要知道，小事是大事的根基，小事做不好，大事就不存在；小事就是大事，把小事做到位，大事自然就做好了。

4 野草只是没被发现用处的植物

——美国诗人瓦尔特·惠特曼的故事

成长故事

瓦尔特·惠特曼出生在美国的一个海滨小村，由于生活穷困，只读了5年小学。十来岁时，他就辍学到了一家印刷厂做学徒。辛苦的工作，并没有消磨掉他对生活的感悟与美好的畅想，他疯狂地迷恋上了诗歌，并不知疲倦地没日没夜地写着。

惠特曼省吃俭用，用积攒下的钱，自费出版了一本自己的诗集。那诗集的封面是绿色的，封底上还画了几株嫩草和几朵小花。虽然全书只有薄薄的95页，仅收录了12首诗和1篇序，但那已足以让他兴奋。他将几本样书捧回家，欣喜地交给家人看，可家里人都并不看好，觉得他的诗没有任何意义，甚至不值得一读。不久，他的父亲就因风瘫病去世了，当然他的作品也无缘与父亲谋面。

惠特曼想拿这些书出去卖，却难逢知音，一本都没卖掉。于是，他将自己辛苦所出的诗集全都拿出去送了人，但是却没有人愿意领情，甚至有几个著名的诗人或对其不予理睬，或干脆将其投入火炉。

社会舆论更是风声四起，对他的批评铺天盖地，有的报纸甚至臭骂他“不懂艺术，正像畜生不懂数学一样”，有的把他的这本诗集称为“浮夸、自大、庸俗和无种的杂凑”，说他是个疯子。为了表达对他及其诗集的痛恶，还有人称“除了给他一顿鞭子，我们想不出更好的办法”。更糟糕的是，人们将他的服装和相貌也作为嘲笑的对象，轻蔑地说“看他那副模样，就能断定他写不出好诗来”。

这本诗集送给您吧

在一波波冷水朝自己泼过来时，惠特曼迷茫了，嘲笑和谩骂声几乎将他淹没，他开始怀疑自己根本就不是写诗的料。残酷的现实重重地将他击倒，几乎将他推到了绝望的边缘。然而，这时远方的一封来信给了他重新站起来的勇气，来信者就是当代最有名气的大诗人爱默生，爱默生在信中高度评价了他的诗作，称他的诗作有着创新的写法、不押韵的格式和新颖的思想内容。

爱默生真诚的夸奖和赞誉使惠特曼又重燃起心中创作的激情，从此他坚定了自己写诗的信念，并一直不停地写下去。不久，他增订后的第二版诗集问世，诗集全文共有384页。之后，诗集不断增订，直到他去世时，诗集已经出到第9版，诗歌的总数也由最初的12首发展到近400首。

惠特曼的名字已震撼了世界，他成为具有世界声誉和世界意义的伟大诗人，他唯一的诗集《草叶集》也成了美国乃至人类诗歌史上的经典，甚至他被称为“现代美国诗歌之父”。

是爱默生的鼓励让瓦尔特·惠特曼冲破了重重阻力，恢复了信心，战胜了自我。在谈及欣赏的作用时，爱默生说：“在我的眼里，没有野草，野草只是还没有被发现用处的植物。”

成长启迪

只要付出努力和辛苦，就有可能得到收获，但是这期间如果遇到暂时的冷遇或不公平，我们一定要学会把持一个平常的心态，切莫怨天尤人，也不要妄自菲薄，更不要愤世嫉俗。

有人说：失败之后就是成功，成功之前就是失败；也有人说：失败之后是去更换一个目标，一个方向，成功之前则是不断的努力。没有人愿意面对失败，可失败是不可避免的。这不是上天故意捉弄人，而是因为，如果没有经过失败的考验，人们就不会获得实现成功所必须具备的智慧、勇气，还有经验和教训。如果我们因为害怕失败而逃避现实，那成功将永远与我们无缘。

5 相信梦想的力量

——美国篮球巨星乔丹的故事

成长故事

乔丹 7 岁那年，自己坐在电视机旁收看一场精彩的奥运篮球比赛，看完后他兴奋地跑进厨房，对正在忙着做饭的母亲宣布了自己的志向：他要打篮球，要成为世界冠军！母亲高兴极了，她拍着小乔丹的肩膀说：“儿子，太棒了！你要说到做到，我相信你一定能行！”

我要打篮球，成为世界冠军

感受到了母亲的支持，小乔丹对自己的梦想更加坚定不移了，他开始了篮球方面的练习。这期间，母亲始终关注着他在球技上的进步与发展，并不断地鼓励他。

上大学后，乔丹被选入美国大学生全明星队。1984 年夏天，他代表美国参加洛杉矶奥运会篮球决赛，此时他才真正走进全世界球迷们的视线。当比赛以胜利结束时，乔丹冲入人群，激动地抱起母亲，快乐地旋转着。因为他知道在他实现篮球之星梦想的过程中，母亲的支持功不可没，母亲的激励就是他前进的不竭动力。

乔丹的母亲不仅时常激励他，还经常告诫他球场上团队合作的重要性，她教育乔丹:“一个人的力量是有限的，要想获得成功，需要所有成员都付出努力。”乔丹始终将这句话牢记在心，他不为名誉和地位所惑，即使在他篮球事业如日中天的时期，仍旧能够毫不吝啬地给新人传球。从母亲的教诲中，他悟出了一个道理：靠一个人的天分只能打好球，而靠全队的力量和智慧才能赢得冠军。

正是由于乔丹母亲对其的良好教育，才让乔丹成长为家喻户晓的篮球“飞人”。而乔丹也以其精湛的球艺和高尚的品德，深受世界各地的球迷们的喜爱和尊重，成为世界级的篮球巨星。

成长启迪

梦想是深藏在人们内心深处的最深切的渴望，是一个人成就事业的原动力。

文学大师林语堂说：“梦想无论怎样模糊，总潜伏在我们心底，使我们的心境永远得不到宁静，直到这些梦想成为事实为止。”一个优秀的人不是被动地等待别人告诉自己应该做什么，而应该主动去了解自己要做什么，并且认真地规划，然后全力以赴地去完成。

人活在世界上，不能没有梦想；但要实现自己的梦想，就得付出艰辛的努力。对我们来说，梦想更有着无穷的魅力，它将会为我们引导前进的方向和目标，引导我们积极进取。

人因有梦想而伟大，因没有梦想而渺小。大凡成功者都是有梦想的人，只有敢于迎接生活中所有挑战，并战胜它，我们才可以梦想成真。

参考文献

[1] 潘爱平．青少年读懂人生的 160 个智慧感悟 [M]. 北京：石油工业出版社，2008.

[2] 冯华平．影响中国孩子成长的世界名人故事 [M]. 天津：天津人民美术出版社，2008.

[3] 王泓逸．最精彩的名人故事全集 [M]. 北京：新世界出版社，2006.

[4] 刘青文．中外名人故事 [M]. 北京：三辰影库音像出版社，2009.

[5] 周啸天．中国名人故事 [M]. 成都：四川文艺出版社，2003.